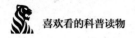
喜欢看的科普读物

U0634258

类征服
细菌之路

本书编写组◎编

RENLEI

ZHENGFU

XIJUN

ZHILU

世界图书出版公司
广州·北京·上海·西安

图书在版编目（CIP）数据

人类征服细菌之路／《人类征服细菌之路》编写组
编. —广州：广东世界图书出版公司, 2010. 8 （2024.2 重印）
ISBN 978 - 7 -5100 -2605 - 8

Ⅰ. ①人… Ⅱ. ①人… Ⅲ. ①细菌 - 青少年读物
Ⅳ. ①Q939. 1 - 49

中国版本图书馆 CIP 数据核字（2010）第 160341 号

书　　名	人类征服细菌之路	
	RENLEI ZHENGFU XIJUN ZHILU	
编　　者	《人类征服细菌之路》编写组	
责任编辑	陈世华	
装帧设计	三棵树设计工作组	
出版发行	世界图书出版有限公司　世界图书出版广东有限公司	
地　　址	广州市海珠区新港西路大江冲 25 号	
邮　　编	510300	
电　　话	020-84452179	
网　　址	http://www.gdst.com.cn	
邮　　箱	wpc_gdst@163.com	
经　　销	新华书店	
印　　刷	唐山富达印务有限公司	
开　　本	787mm×1092mm　1/16	
印　　张	10	
字　　数	120 千字	
版　　次	2010 年 8 月第 1 版　2024 年 2 月第 12 次印刷	
国际书号	ISBN　978-7-5100-2605-8	
定　　价	48.00 元	

前　言
PREFACE

　　细菌广泛分布于土壤和水中，或者与其他生物共生。人体身上也带有相当多的细菌。据估计，人体内及表皮上的细菌细胞总数约是人体细胞总数的十倍。此外，也有部分种类分布在极端的环境中，例如温泉，甚至是放射性废弃物中，它们被归类为嗜极生物，其中最著名的种类之一是海栖热袍菌，科学家是在意大利的一座海底火山中发现这种细菌的。细菌的种类是如此之多，科学家研究过并命名的种类只占其中的小部分。细菌域下所有门中，只有约一半包含能在实验室培养的种类。

　　人类从产生那一天起就同细菌竞赛。因为细菌无处不在。例如在人的肠道里有细菌100种，数量达100亿个，构成庞大的菌种群落。在这里人与细菌的竞争是共生性质的，即双方各蒙其利。又有报道说，一个成人的身上有100万亿个细菌，总重量达1.5千克，人吃下去的营养物质，有30%被它们享用了，同时它们帮助人类消化食物。虽然细菌向人类进攻是从人一产生就开始的，但人发起对细菌的战争，却是从1928年英国科学家弗莱明发现青霉素才开始的。

　　同人类与有害昆虫的战争一样，在人与细菌的竞争中，在对致病细菌的战争中，我们做不到消灭传染疾病细菌或病毒，但要努力控制它们对人的危害，在不断的前进和后退中寻求一种平衡，通过各种途径，保护人体健康。

Contents 目　录

有益的细菌

旅途歧路

细菌世界
XIJUN SHIJIE

细菌是生物的主要类群之一，属于细菌域。细菌是所有生物中数量最多的一类，据估计，其总数约有 5×10^{30}。细菌的个体非常小，目前已知最小的细菌只有 0.2 微米长，因此大多只能在显微镜下看到它们。细菌一般是单细胞，细胞结构简单，缺乏细胞核、细胞骨架以及膜状胞器，例如线粒体和叶绿体。基于这些特征，细菌属于原核生物。原核生物中还有另一类生物称做古细菌，是科学家依据演化关系而另辟的类别。为了区别，本类生物也被称做真细菌。

1675 年，荷兰人列文虎克发明显微镜，当他利用自己制造出来的能放大 200 倍的显微镜，观察污水和腐烂的有机物时，看见许多活的小动物。1676 年在加大显微镜放大倍数后他看见了细菌。也就是说，它们的存在条件虽然有 30 亿年，但人们看见它却只有 300 年的历史。

让我们走进这个微小又庞大的古老家族，仔细端详这些千姿百态的小精灵。

微生物

认识细菌，首先要从认识微生物开始。

人们常说的微生物一词，是对所有形体微小、单细胞或个体结构较为简单的多细胞，甚至无细胞结构的低等生物的总称，或简单地说是对细小的人们肉眼看不见的生物的总称，指显微镜下的才可见的生物。

作为生物，微生物也具有与一切生物的共同点：

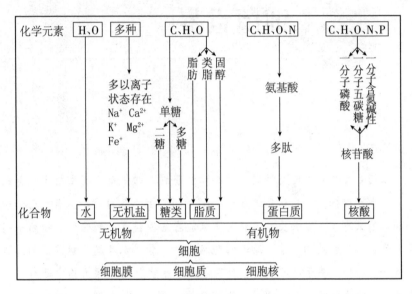

核酸的结构

（1）遗传信息都是由 DNA 链上的基因所携带，除少数特例外，其复制、表达与调控都遵循中心法则。

（2）微生物的初级代谢途径如蛋白质、核酸、多糖、脂肪酸等大分子物的合成途径基本相同。

（3）微生物的能量代谢都以 ATP 作为能量载体。

微生物作为生物的一大类，除了与其他生物共有的特点外，还具有其本身的特点及其独特的生物多样性：

微生物的个体极其微小，必须借助于光学显微镜或电子显微镜才能观察到它们。测量和表示单位通常为微米。

尽管微生物的形态结构十分简单，大多是单细胞或简单的多细胞构成，甚至还无细胞结构，仅有 DNA 或 RNA；形态上也仅是球状、杆状、螺旋状或分枝丝状等，细菌形态上除了那些典型形状外，还有许多如方形、阿拉伯数字状、英文字母形等特殊形状。

微生物细胞的显微结构更是具有明显的多样性，如细菌经革兰染色后可分为革兰阳性细菌和阴性细菌，其原因在于细胞壁的化学组成和结构不同，古菌的细胞壁组成更是与细菌有着明显的区别，没有肽聚糖而由蛋白质等组成，真菌细胞壁结构又与古菌、细菌有很大的差异。

微生物能利用的基质十分广泛，是任何其他生物所望尘莫及的。从无机的二氧化碳到有机的酸、醇、糖类、蛋白质、脂类等，从短链、长链到芳

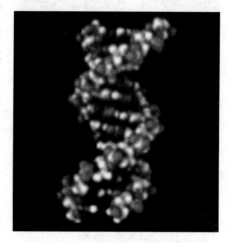

DNA 模型

香烃类，以及各种多糖大分子聚合物（果胶质、纤维素等）和许多动、植物不能利用，甚至对其他生物有毒的物质，都可以成为微生物的碳源和能源。

微生物的代谢方式多样，既可以二氧化碳为碳源进行自养型生长，也可以有机物为碳源进行异养型生长；既可以光能为能源，也可以化学能为能源；既可在有氧气条件下生长，又可在无氧气条件下生长。

微生物代谢的中间体和产物更是多种多样，有各种各样的酸、醇、氨基酸、蛋白质、脂类、糖类等。代谢速率也是任何其他生物所不能比拟的。如在适宜环境下，大肠杆菌每小时可消耗的糖类相当于其自身重量的 2000 倍。以同等体积计，1 个细菌在 1 小时内所消耗的糖即可相当于人在 500 年时间内所消耗的粮食。

微生物的代谢产物更是多种多样，如蛋白质、多糖、核酸、脂肪、抗生素、维生素、毒素、色素、生物碱，二氧化碳、水、硫化氢、二氧化氮等。

微生物的繁殖方式相对于动植物的繁殖也具有多样性。细菌以二裂法为主，个别可由性接合的方式繁殖；放线菌可以菌丝和分生孢子繁殖；霉菌可由菌丝、无性孢子和有性孢子繁殖，无性孢子和有性孢子又各有不同的方式

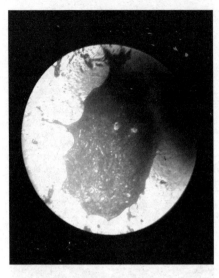

显微镜下的霉菌

和形态；酵母菌可由出芽方式和形成子囊孢子方式繁殖。

微生物由于个体小、结构简单、繁殖快、与外界环境直接接触等原因，很容易发生变异，而且在很短时间内出现大量的变异后代。变异具有多样性，其表现可涉及任何性状，如形态构造、代谢途径、抗性、抗原性的形成与消失、代谢产物的种类和数量等。

微生物具有极强的抗热性、抗寒性、抗盐性、抗干燥性、抗酸性、抗碱性、抗压性、抗缺氧、抗辐射、抗毒物等能力，显示出其抗性的多样性。

目前已确定的微生物种数在 10 万种左右，但仍正以每年发现几百至上千个新种的趋势在增加。微生物生态学家较为一致地认为，目前已知的已分离培养的微生物种类，可能还不足自然界存在的微生物总数的 1/100。情形可能确实如此，在自然界中存在着极为丰富的微生物资源。

自然界中微生物存在的数量可能会超出人们的预料。每克土壤中细菌可达几亿个，放线菌孢子可达几千万个。人体肠道中菌体总数可达 100 万亿左右。每克新鲜叶子表面可附生 100 多万个微生物。全世界海洋中微生物的总重量估计达 280 亿吨。从这些数据资料可见微生物在自然界中的数量之巨。实际上，我们生活在一个充满着微生物的环境中。

在生物系统发育史上，微生物比动植物和人类都要早得多，但由于其个体太小和观察技术问题而发现它们却是最晚的。微生物横跨了生物六界系统中无细胞结构生物病毒界和细胞结构生物中的原核生物界、原生生物界、菌物界，除了动物界、植物界外，其余各界都是为微生物而设立的，范围极为宽广。

微生物在自然界中，除了"明火"、火山喷发中心区和人为的无菌环境外，到处都有分布，上至几十千米外的高空，下至地表下几百米的深处，海

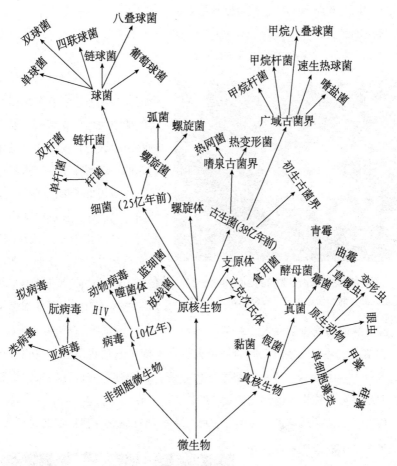

微生物家族族谱

洋上万米深的水底层，土壤、水域、空气，及动植物和人类体内外，都已分布有各种不同的微生物。即使是同一地点同一环境，在不同的季节，如夏季和冬季，微生物的数量、种类、活性、生物链成员的组成等有明显的不同。这些都显示了微生物生态分布的多样性。

细菌的形状和种类

细菌是一类构造简单的单细胞生物，个体极小，必须用显微镜才能观察得到。它没有成型的细胞核，只有一些核质分散在原生质中，或以颗粒状态存在。所以，科学家们称它们是原核生物。

细菌的种类繁多，而且分布极广，地球上从 1.7 万米的高空，到深度达 1.07 万米的海洋中到处都有细菌的踪影。

凡是与空气接触的物品就会带菌，而细菌遇到有充足养料之处就能很快地生长繁殖。通常动物在出生或孵化前，体内是无菌状态的，然而在出生过程或孵化时很快地污染了母体或卵壳上的细菌，因而在极短的时间内，细菌就会布满其全身。这些细菌绝大多数是有益的，比如人和动物肠道中的细菌能协助分解某些食物。动物体内的组织通常是无菌

动物在孵化前体内是无菌的，然而在出生过程或孵化时很快地污染了母体或卵壳上的细菌

的，除非病时被病原菌侵入。

细菌不仅种类繁多，它们的长相也各有不同，通常我们依它们的外形把细菌区分为 4 个类群：球状的细菌称为球菌，长圆柱形的称为杆菌，细胞略呈弯曲或弓形的称为弧菌，呈螺旋状的称为螺旋菌。

球菌呈球形和近球形。球菌分裂后产生的新细胞常保持一定的排列方式，在分类鉴定上有重要意义。在球菌中，有的独身只影，称为单球菌，如尿素小球菌；有的成双成对，称为双球菌，如肺炎双球菌；有的 4 个菌体连在一起，称为四联球菌，如四联小球菌；有的 8 个菌体叠在一起，似 "叠罗汉"，称为八叠球菌，如藤黄八叠球菌；有的像一串串链珠，称为链球菌，

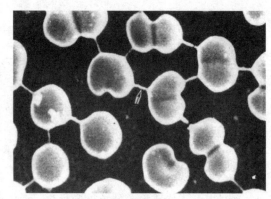

显微镜下的球菌

如乳酸链球菌；也有的菌体不规则的聚集在一起，像一串串葡萄，称为葡萄球菌，如金黄色葡萄球菌等。

杆菌细胞呈杆状或圆柱形。各种杆菌的长宽比例上差异很大，有的粗短，有的细长。短杆菌近似球状，长的杆菌近丝状。有的菌体两端平齐，如炭疽芽孢杆菌；有的两端钝圆，如维氏固氮菌；还有的两端削尖，如梭杆菌属。杆菌细胞常沿一个平面分裂，大多数菌体分散存在，但有的杆菌呈长短不同的链状，有的则呈栅状或"八"字形排列。

也有的细菌细胞弯曲呈弧状或螺旋状。弯曲不足一圈的称弧菌，如霍乱弧菌。弯曲度大于一周的称为螺旋菌。螺旋菌的旋转圈数和螺距大小因种而异。有些螺旋状菌的菌体僵硬，借鞭毛运动，如迂回螺菌。有些螺旋状菌的菌体柔软，借轴丝收缩运动并称为螺旋体，如梅毒密螺旋体。在螺旋菌中，常见的是口腔齿垢中的口腔螺旋体。

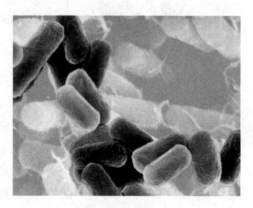

显微镜下的杆菌

细菌的形态除上述 4 种基本形态外，还有其他形态的细菌，如柄细菌属，细胞呈弧状或肾状并具有 1 根特征性的细柄，可附着于基质上。又如球衣菌属，能形成衣鞘，杆状的细胞呈链状排列在衣鞘内而成为丝状体，此外，还有呈星状的星状菌属、正方形的细菌等。

弧菌

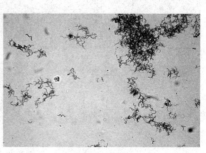

螺旋菌

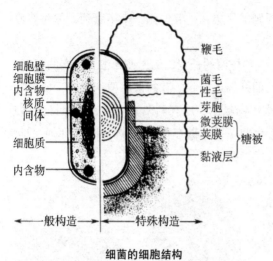

鞭毛
菌毛
性毛
芽胞
微荚膜
荚膜 }糖被
黏液层

细胞壁
细胞膜
内含物
核质
间体

细胞质

内含物

←一般构造→ ←特殊构造→

细菌的细胞结构

细菌的结构

如果我们把细菌切开来观察，细菌的最外层是结实的保护层，称为细胞壁，它包裹着整个菌体使细胞有固定的形状，其主要成分是肽聚糖。

细胞壁的里面是一层薄而柔软的富有弹性的半透膜——细胞膜，它是细胞内外的交换站，控制着细胞内外的物质交换。细胞膜占细胞干重的10%左右。细胞膜是由脂类、蛋白质和糖类组成的。

细胞膜的脂类主要为甘油磷脂。磷脂分子在水溶液中很容易形成具有高度定向性的双分子层，相互平行排列，亲水的极性基指向双分子层的外表面，疏水的非极性基朝内（即排列在组成膜的内侧面），这样就形成了膜的基本骨架。磷脂中的脂肪酸有饱和、不饱和2种，膜的流动性高低主要取决于它们

膜磷壁酸   壁磷壁酸

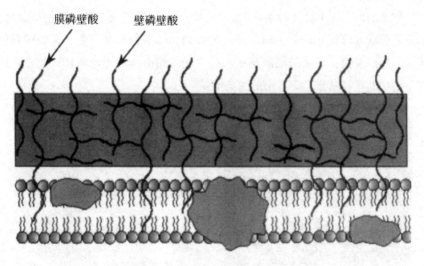

细菌的细胞壁

的相对含量和类型，如低温型微生物的膜中含有较多的不饱和脂肪酸，而高温型微生物的膜则富含饱和脂肪酸，从而保持了膜在不同温度下的正常生理功能。

细胞膜中的蛋白质，依其存在位置，可分为外周蛋白、内嵌蛋白 2 大类。外周蛋白存在于膜的内或外表面，系水溶性蛋白，占膜蛋白总量的 20% ~ 30% 。内嵌蛋白又称固有蛋白或结构蛋白，镶嵌于磷脂双层中，多为非水溶性蛋白，占总量的 70% ~ 80% 。膜蛋白除作为膜的结构成分之外，许多蛋白质本身就是运输养料的透酶或具催化活性的酶蛋白，在细胞代谢过程中起着重要作用。

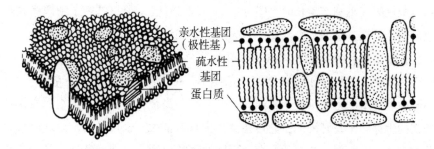

亲水性基团
（极性基）
疏水性基团
蛋白质

细菌细胞膜的液态镶嵌模型

细胞质是细胞膜内的物质，除细胞核外皆为细胞质。它无色透明，呈黏胶状，主要成分为水、蛋白质、核酸、脂类，也含有少量的糖和盐类。由于富含核酸，因而嗜碱性强，此外，细胞质内还含有核糖体、颗粒状内含物和气泡等物质。

核糖体亦称核蛋白体，为多肽和蛋白质合成的场所。其化学成分为蛋白质与核糖核酸（RNA）。细菌细胞中绝大部分（约 90%）的 RNA 存在于核糖体内。原核生物的核糖体常以游离状态或多聚核糖体状态分布于细胞质中。而真核细胞的核糖体既可以游离状态存在于细胞质中，也可结合于内质网上。

很多细菌在营养物质丰富的时候，其细胞内聚合各种不同的贮藏颗粒，当营养缺乏时，它们又能被分解利用。这种贮藏颗粒可在光学显微镜下观察到，通称为内含物。贮藏颗粒的多少可随菌龄及培养条件不同而改变。

某些水生细菌，如蓝细菌、不放氧的光合细菌和盐细菌细胞内贮存气体的特殊结构称气泡。气泡由许多小的的气囊组成，气囊膜只含蛋白质而无磷脂。气泡的大小、形状和数量随细菌种类而异。气泡能使细胞保持浮力，从而有助于调节并使细菌生活在它们需要的最佳水层位置，以利于获得氧、光和营养。

细菌细胞的核位于细胞质内，无核膜、无核仁，仅为一核区，因此称为原始形态的核或拟核。细菌细胞的原核只有一个染色体，主要含有具有遗传特征的脱氧核糖核酸（DNA）。染色体是由双螺旋的大分子链构成，一般呈环形结构，总长度为 0.25 ~ 3 毫米。一个细菌在正常情况下只有一个核区，而细菌处于活跃生长时，由于 DNA 的复制先于细胞分裂，一个菌体内往往有 2 ~ 4 个核区（低速率生长时，则可见 1 ~ 2 个核区）。原核携带了细菌绝大多数的遗传信息，是细菌生长发育、新陈代谢和遗传变异的控制中心。

在细菌中，除染色体 DNA 外，还存在一种能自我复制的小环状 DNA 分子，称质粒。质粒分子量较细菌染色体小。每个菌体内可有一至数个质粒。不同质粒的基因之间可发生重组，质粒基因与染色体基因也可重组。质粒对细菌的生存并不是必需的，它可在菌体内自行消失，也可经一定处理后从细菌中除去，但不影响细菌的生存。不同的质粒分别含有使细菌具有某些特殊性状的基因，如致育性、抗药性、产生抗生素、降解某些化学物质等。

质粒可以独立于染色体而转移，通过接合、转化或转导等方式可从一个菌体转入另一菌体。因此在遗传工程中可以将细菌质粒作为基因的运载工具，构建新菌株。

有些细菌除具有一般结构外，还具有特殊的结构：荚膜、鞭毛、芽孢。

有些细菌生活在一定营养条件下，可向细胞壁外分泌出一层黏性物质，根据这层黏性物质的厚度、可溶性及在细胞表面存在的状况，可把它们分为荚膜、微荚膜或黏液层。如果这层物质黏滞性较大，相对稳定地附着在细胞壁外，具一定外形，厚约 200 纳米，称为荚膜或大荚膜。它与细胞结合力较差。通过液体震荡培养或离心，可将其从细胞表面除去。荚膜很难着色，用负染色法可在光学显微镜下观察到，即背景和细胞着色，荚膜不着色。

微荚膜的厚度在 200 纳米以下，它与细胞表面结合较紧，用光学显微镜不易观察到，但可采用血清学方法证明其存在，因为荚膜易被胰蛋白酶消化。

黏液层比荚膜疏松，无明显形状，悬浮在基质中更易溶解，并能增加培养基黏度。

通常情况下，每个菌体外面包围一层荚膜。但有的细菌，它们的荚膜物质互相融合在一起成为一团胶状物，称菌胶团，其内常包含有多个菌体。

荚膜产生受遗传特性控制，但并非是细胞绝对必要的结构，失去荚膜的变异株同样正常生长。而且，即使用特异性水解荚膜物质的酶处理，也不会杀死细菌。

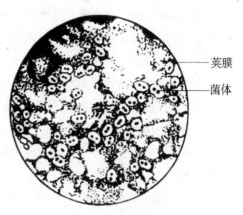

细菌细胞的荚膜

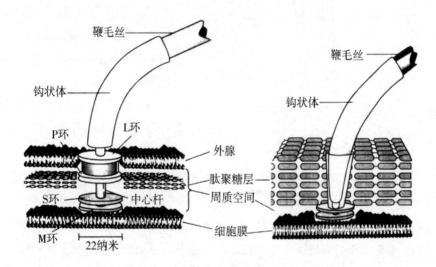

细胞鞭毛的结构

荚膜的主要成分因菌种而异，大多为多糖、多肽或蛋白质，也含有一些其他成分。产荚膜的细菌菌落通常光滑透明，称光滑型（S型）菌落；不产荚膜细菌菌落表面粗糙，称粗糙型（R型）菌落。

荚膜的主要作用是作为细胞外碳源和能源性贮藏物质，并能保护细胞免受干燥的影响，同时能增强某些病原菌的致病能力，使之抵抗宿主吞噬细胞的吞噬。例如能引起肺炎的肺炎双球菌Ⅲ型，如果失去了荚膜，则成为非致病菌。

某些细菌的细胞表面伸出细长、波曲、毛发状的附属物称为鞭毛。鞭毛细而长，其长度常为细胞的若干倍，最长可达 70 微米，但直径只有 10~20 纳米。因此，用光学显微镜看不见。

细菌鞭毛的数目和着生位置是细菌种的特征。据此，可将有鞭毛的细菌分为 4 类：

（1）一端单毛菌——在菌体的一端只生 1 根鞭毛，如霍乱弧菌。

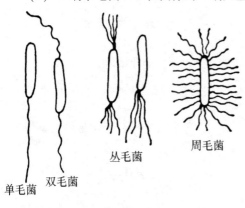

丛毛菌

周毛菌

单毛菌 双毛菌

细胞鞭毛的种类

（2）两端单鞭毛菌——菌体两端各具 1 根鞭毛，如鼠咬热螺旋体。

（3）丛生鞭毛菌——菌体一端生一束鞭毛，如铜绿假单胞菌；菌体两端各具一束鞭毛，如红色螺菌。

（4）周生鞭毛菌——周身都有鞭毛，如大肠杆菌、枯草杆菌等。

很多革兰阴性菌及少数阳性菌的细胞表面有一些比鞭毛更细、较短而直硬的丝状体结构，称为菌毛，亦称伞毛或纤毛。菌毛直径大约 3~7 纳米，长度约 0.5~6 微米，有些菌毛可长达 20 微米。菌毛由菌毛蛋白组成，与鞭毛相似，也起源于细胞质膜内侧基粒上。菌毛不具运动功能，也见于非运动的细菌中。因机械因素而失去菌毛的细菌很快又能形成新的菌毛，因此认为菌毛可能经常脱落并不断更新。

菌毛类型很多，根据菌毛功能可将其分成 2 大类：普通菌毛和性菌毛。普通菌毛可增加细菌吸附于其他细胞或物体的能力，例如肠道菌的 I 型菌毛，它能牢固地吸附在动植物、真菌以及多种其他细胞上，包括人的呼吸道、消化道和泌尿道的上皮细胞上。

菌毛的这种吸附性可能对细菌在自然环境中生活有某种意义。性菌毛是在性质粒（F因子）控制下形成的，故又称F－菌毛。它比普通菌毛粗而长，数量少，一个细胞仅具1~4根。性菌毛是细菌传递游离基因的器官，作为细菌接合时遗传物质的通道。现在很多学者趋向于用纤毛表示普通菌毛，而菌毛则多指性菌毛。

某些细菌在其生长的一定阶段，于营养细胞内形成一个圆形或卵圆形的内生孢子，称为芽孢。芽孢是细菌的休眠体。其含水量低，壁厚而致密，对热、干燥、化学药剂的抵抗能力很强。因此，在食品、医药、卫生、工业部门都以杀死芽孢为标准来衡量灭菌是否彻底。芽孢能脱离细胞独立存在，在干燥情况下能活10年之久，当条件适宜时，芽孢就发芽长成新的菌体。但是，芽孢并不是细菌繁殖后代的方式，因为1个菌体只能产生1个芽孢。细菌繁殖后代并不像动物那样是由父代生子代。它们极为简单，是由1个菌体直接平分就变成2个，2个继续平分就变成4个。因此，很难分清楚它们谁是父代，谁是子代。在应用中，把它们的菌体细胞分裂一次叫做繁殖一代。

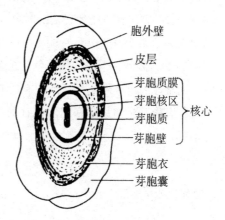

细菌细胞芽孢的结构

细菌的繁殖速度一般来说相当快，据科学家计算，按每20分钟细菌分裂1次，1小时后一个细菌可变成8个，2小时就可以变成64个，24小时内可以繁殖72代，即40多万亿亿个细菌。如果按一个细菌重1×10^{-13}克计算，那么，24小时内一个细菌所形成的菌体重量将是4000多吨。当然，这种繁殖速度是我们人为计算出来的。实际上，微生物即便在人工提供的最理想的条件下，也很难维持很长时间。因为随着微生物数量的急剧增加，营养物质很快就会被消耗掉，出现"饥饿"现象。同时，在微生物新陈代谢的过程中，也产生了大量的代谢产物和废物。这些代谢产物和废物达到一定浓度后，就会抑制微生物的生长和繁殖。限于当前的技术条件，我们还不能完全做到及时地供给微生物所需要的营养，也不能及时地把微生物的代谢产物取出来。

有些杆菌和弧菌，在菌体上还能长出很细很长的丝状物，它能帮助菌体运动，我们称它为鞭毛。如果你用牙签挑一点自己的牙垢，在载玻片的一滴水中，涂抹一下，放在显微镜下观察，你可以看到许多运动着的细菌，它们不停地向各个方向挤、推、碰，在整个视野中乱窜，很是热闹。只有长鞭毛的细菌才能运动，鞭毛菌运动的速度相当快。

鞭毛是深植于细胞质中的运动器官，由于鞭毛的旋转，可使细菌迅速运动。一般的鞭毛菌，主要在幼龄时可以活跃运动；衰老的细菌，鞭毛易脱落，因而失去运动能力。鞭毛的长度可超过菌体若干倍，而其直径却只有细胞直径的1/20，因此，不经特殊染色，在普通光学显微镜下难以看到。

通常球菌没有鞭毛，杆菌中有的有鞭毛，有的没有鞭毛，有的生长的某一阶段有鞭毛，如弧菌和螺菌都有鞭毛。有的细菌不借助于鞭毛运动，如螺旋菌就是借助于细胞中有弹性的轴丝体伸缩而使菌体运动的。

知识点

单细胞

单细胞，生物圈中还有肉眼很难看见的生物，他们的身体只有一个细胞，称为单细胞生物。第一个单细胞生物出现在35亿年前。单细胞生物在整个动物界中属最低等最原始的动物，包括所有古细菌和真细菌和很多原生生物。

细菌的生存

细菌的生活

细菌处处为家，无所不在。那么，是不是所有的细菌在任何地方都能安家落户，繁衍后代呢？并非如此。不同的细菌在对环境条件的要求上是有很

大的差别的。例如，对温度的要求，有的细菌在较低的温度下（15 ~ 18℃）能生长，甚至在 –70℃ 下也能生存。有的细菌则适于在 45 ~ 50℃ 的温度中生活，某种温泉细菌在 90℃ 的高温下也能够生长。但是，绝大多数细菌的生长适宜温度是 20 ~ 40℃，也就是适合在室温或人的体温环境下生活。

如同动物和植物一样，水分也是细菌细胞的主要成分。在一般情况下，细菌中水分的含量为 75% ~ 85%。如果缺少水分，细菌就不能正常生长和繁殖，因此，干燥的环境是不利于细菌生存的。

细菌处处为家，无所不在。土壤、植物都是它们的乐园

细菌的身体中除了水分，还含有蛋白质、糖类、脂类、无机盐等多种成分。细菌也必须从外界环境中吸取营养物质，来满足它们生长和繁殖的需要。

有少数细菌像绿色植物一样，不直接从外界获取有机物质，而从外界吸收二氧化碳等无机物作为原料，自己制造有机物。这类细菌叫做自养细菌。

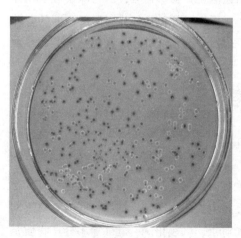

培养皿里的大肠杆菌

大多数细菌以类似于动物获取营养物质的方式，直接从外界吸收有机物，供应身体的需要。这类细菌叫做异养细菌。因此，有机物丰富的地方，如肥沃的土壤，人们的各种食物，人和动植物体内外，都是这些细菌生活的好地方。

有些细菌在动物的尸体、粪便和植物的枯枝落叶体上生活，从那里吸取有机物，同时使这些动植物遗体腐败，这样的生活方式叫

腐生。

有些细菌在活的动植物上生活，从它们身上吸取有机物；有的能使动植物生病。这样的生活方式叫寄生。

动物和人离开了氧气就要死亡，但细菌并不都是这样。有的细菌只能在没有氧气的情况下生活，叫做专性厌氧菌。平时，在家庭中制作泡菜所利用的是一种乳酸杆菌，它就是专性厌氧菌。制作泡菜时，必须避免空气进入，这是为了防止氧气阻碍乳酸菌的活动。

还有一些细菌，在没有氧气的情况下能活动，在有氧气的情况下也能活动，这样的细菌叫兼性厌氧菌。生活在人和动物肠道中的大肠杆菌，就是这样的细菌。

许多细菌的生活是离不开氧气的，没有了氧气，它们就会死亡，这样的细菌叫需氧菌。土壤中的许多细菌就是需氧菌，它们能把土壤中的动物尸体、植物的残根落叶转变成肥料。对农田、菜地和花园的土壤，要经常松土，使它通气良好，有利于需氧菌的活动，才能提高土壤肥力，供给植物更多的营养。

细菌的食物

细菌不仅无口，而且也不具备任何消化食物的器官，但它却具有生物体都有的新陈代谢作用。它和其他生物一样，不停地从外界吸取所需要的营养物质，用来组成自己的身体；同时，将自身的一部分物质加以分解，并将产生的最终产物排出体外。

那么，微生物都是如何摄取营养物质的呢？可以说，绝大多数微生物是以其整个身体或细胞直接接触营养物质，对营养物质的吸收主要是细胞壁和细胞质膜在起作用。细胞壁的结构有孔隙，在其孔隙大小允许的范围内一切物质可以自由出入，如水和无机盐等，说明细胞壁对物质没有选择性。

真正控制物质进出的"关卡"是它的细胞质膜。细胞质膜只允许自己所需要的物质进入细胞，拒绝不利于自身生长的物质进入细胞。同时它对不同的营养物质采取不同的吸收方式，如对水、二氧化碳、氧气等小分子物质是靠扩散，这种扩散的动力是细胞内外物质的浓度差异，经细胞质膜而进入细胞。另外一些物质是靠酶起作用的，这种酶叫透性酶。它在膜的外表面时可以与环境中的物质结合，当把物质转运到膜内时，又将这些物质解离下来，这个过程并不消耗生物能，称为辅助性扩散。如细菌吸收甘油等都是靠这种方式。

另外，细菌还可以积极主动的吸收营养，也就是说，当它身体需要某些营养物质时，虽然这种物质在细胞内的浓度已经远远高于环境中的浓度，但细胞仍然能够从环境中吸取，以满足自身的需要。

细菌的这种"本领"不仅要靠酶的帮助，而且还要消耗能量。

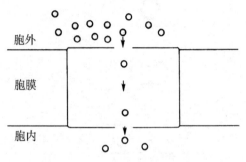

胞外 胞膜 胞内

细菌质膜的扩散吸收物质过程

例如大肠杆菌在以乳糖作碳源时，细胞内比环境的乳糖高 500 倍，仍有乳糖进入细胞。乳糖在体内高度累积，是依赖于 β- 半乳糖苷渗透酶，同时消耗代谢能量完成的。能量主要用来降低乳糖在细胞膜内与渗透酶的亲和力，使乳糖在细胞内释放，供微生物利用。

此外，还有很多细菌利用吞噬作用来摄取营养物质。

细菌繁殖

把一块馒头泡在水里，放在温暖的地方。过了 1 ~ 2 天，馒头有了馊味，有一小部分变黏了，这说明上面有了细菌；再过 2 ~ 3 天，变黏的部分扩大了，也许整块馒头都黏了，这说明细菌增多了。那么，细菌是如何增多的？

原来，细菌和动植物一样，也能繁殖后代。但是，它们繁殖的方式非常简单：1 个细菌长大成熟了，就从中间裂开，变成 2 个。以后，以同样的方式，2 个可以变成 4 个。这种生殖方式叫做分裂生殖。

大多数细菌20 分钟就可以分裂一次，照这样的速度推算，1 小时后，就变成 8 个；2 小时后，变成 64 个；24 小时内可以繁殖 72 代，也就是变成了47220 亿亿个细菌。如果按10 亿个细菌重 1 毫克计算，那么，24 小时内形成

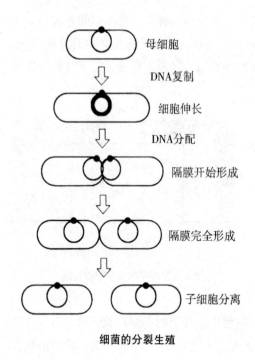

母细胞

⬇

DNA复制

细胞伸长

⬇

DNA分配

隔膜开始形成

⬇

隔膜完全形成

⬇

子细胞分离

细菌的分裂生殖

的细菌重量可达到4722吨！

面对如此惊人的繁殖速度，人们不免有些担心，因为真是如此，地球将被细菌吞没。事实上，这种担忧是没必要的，因为上面推算的结果，只是在完全满足细菌生长繁殖的所有条件时，才会出现。实际上这是不可能的，即使在人工提供的最好条件下，也难维持几小时。因为随着细菌的迅速活动，养分也会迅速地被消耗掉。在自然情况下，更不可能满足细菌群体无休止的繁殖的需要，会出现许多抑制它们生长繁殖的因素。

在动物和植物的繁殖上，它们总会把自己的一些性状传给后代，这就叫遗传。细菌的繁殖也具有遗传性：球菌分裂生殖后，产生的后代还是球菌；杆菌的后代仍是杆菌；专性厌氧菌分裂生殖产生的后代，在有氧的条件，仍不能生存；而需氧菌的后代，必须有氧才能生活。

动植物下一代的性状与它们的亲代不完全相同，它们相互之间也有差别，这就叫变异。细菌的后代也同样会发生变异。人们在医疗中，如果长期使用某种药物，就会使致病的细菌产生抗药性。在现代生物技术中，人们可以用人工的方法改变细菌的性状，这些都是细菌变异的例子。

细菌变异

对所有生物而言，变异是它们共同的生命特征。细菌亦是一种生物，所以其也存在变异性。变异可使细菌产生新变种，变种的新特性靠遗传得以巩固，并使物种得以发展与进化。

细菌的变异分为遗传性与非遗传性变异，前者是细菌的基因结构发生了改变，如基因突变或基因转移与重组等，所以又称基因型变异；后者是细菌在一定的环境条件影响下产生的变异，其基因结构未改变，所以称其为表型变异。

两者相对而言，基因型变异常发生于个别的细菌，不受环境因素的影响，变异发生后是不可逆的，产生的新性状可稳定地遗传给后代。而表型变异易受到环境因素的影响，凡在此环境因素作用下的所有细菌都出现变异，而且当环境中的影响因素去除后，变异的性状又可复原，表型变异不能遗传。

凡是生物，父代和子代之间都存在差异，这就是变异性

细菌的变异主要体现为形态结构的变异、毒力变异、耐药性变异和菌落变异几种。

细菌的大小和形态在不同的生长时期可不同，生长过程中受外界环境条件的影响也可发生变异。如鼠疫杆菌在陈旧的培养物上，形态可从典型的两极浓染的椭圆形小杆菌变为多形态性，如球形、酵母样形、哑铃形等。

细菌的一些特殊结构，如荚膜、芽孢、鞭毛等也可发生变异。肺炎链球菌在机体内或在含有血清的培养基中初分离时可形成荚膜，致病性强，经传代培养后荚膜逐渐消失，致病性也随之减弱。将有芽孢的炭疽芽孢杆菌在42℃培养 10~20 天后，可失去形成芽孢的能力，同时毒力也会相应减弱。将有鞭毛的普通变形杆菌点种在琼脂平板上，由于鞭毛的动力使细菌在平板上弥散生长，称迁徙现象。若将此菌点种在含 1% 苯酚的培养基上，细菌失去鞭毛，只能在点种处形成不向外扩展的单个菌落。

细菌的毒力变异包括毒力的增强或减弱。无毒力的白喉棒状杆菌常寄居在咽喉部，不致病；当它感染了 β-棒状杆菌噬菌体后变成溶原性细菌，则获得产生白喉毒素的能力，引起白喉。有毒菌株长期在人工培养基上传代培养，可使细菌的毒力减弱或消失。如卡密特曾将有毒的牛分枝杆菌在含有胆汁的甘油、马铃薯培养基上，经过 13 年，连续传 230 代，终于获得了一株毒力减弱但仍保持免疫原性的变异株，即卡介苗。

细菌对某种抗菌药物由敏感变成耐药的变异称耐药性变异。从抗生素广泛应用以来，细菌对抗生素耐药的不断增长是世界范围内的普遍趋势。有些细菌还表现为同时耐受多种抗菌药物，即多重耐药性（multipleresistance），甚至还有的细菌变异后产生对药物的依赖性，如痢疾志贺菌赖链霉素株，离开链霉素则不能生长。

细菌的菌落主要有光滑型（S 型）和粗糙型（R 型）两种。光滑型菌落表面光滑、湿润、边缘整齐。细菌经人工培养多次传代后菌落表面变为粗糙、干燥、边缘不整，即从光滑型变为粗糙型，称为 S−R 变异。S−R 变异常见于肠道杆菌，变异时不仅菌落的特征发生改变，而且细菌的理化性状、抗原性、代谢酶活性、毒力等也发生改变。

球　菌

球菌，一种呈球形或近似球形的细菌。根据排列方式不同，可分为单球菌、双球菌、链球菌、四联球菌、八叠球菌和葡萄球菌等。

▌▌▌ 细菌无处不在

细菌无所不在

细菌分布广泛，无论是陆地、水域、空气和动物、植物以及人体的外表和外界相通的腔道中都有细菌存在。

在自然界，土壤是细菌良好的生活场所。因为土壤具有细菌生长、繁殖所需的各种环境条件，所以土壤中的细菌不仅数量大，而且种类多，几乎各种已知的种类都有。地表和地下都有细菌，距地面 3 ~ 25 厘米深的土壤中细菌数量最多；在土壤表层，由于阳光的照射和水分减少的原因，细菌的数量也较少。

一般来说，大多数土壤中细菌对人类是有利的，在自然界的物质循环中起重要作用。但是，土壤中也有来自传染病患者排泄物，死于传染病的人畜尸体和正常人和动物排泄物及生活垃圾中的病原菌。这些致病菌大多数在土壤中很快死亡，只有能形成芽孢的细菌，在形成芽孢后，可存活几年或几十年，如破伤风梭菌、炭疽芽孢杆菌等。在治疗被泥土污染的创伤时，要特别注意预防破伤风病和气性坏疽病的发生。

自然环境的水中都存在细菌，不同水源中细菌的种类和数量差异较大。水中的细菌多来自土壤、空气、人和动物排泄物，以及人和动物尸体等。如水中发现有病原菌，即表明水被土壤或粪便污染。常见的病原菌有伤寒杆菌、痢疾杆菌、霍乱弧菌等消化道传染病的细菌。因此，保证饮水卫生，在控制和消灭消化道传染病方面具有重要意义。

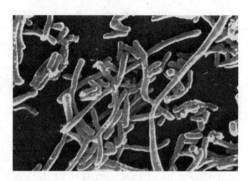

破伤风梭菌

空气中缺少细菌生长所需的营养和水分，并受日光照射，不适应细菌的生长繁殖。但由于人和动物的呼吸道不断排出细菌，土壤中的细菌随尘土飞扬在空气中，因此空气中可存在不同种类的细菌。常见的病原菌有金黄色葡萄球菌、乙型溶血性链球菌、结核分枝杆菌、肺炎链球菌等，可引起呼吸道传染病或伤口感染。

同时，空气中还存在着大量的非病原菌，其主要来自手术室、病房、制剂室、细菌接种室等地方。

另外，人的身体上也存在着大量的细菌。每个人的身体上大约有 1000 种不同的细菌，它们分布在皮肤、口腔、呼吸道、胃肠道以及泌尿生殖道的上皮细胞表面，但是，人体内脏器官组织及血液是无菌的。

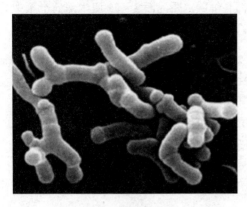

乳酸杆菌

皮肤上最常见的细菌是革兰阳性菌，其中以表皮葡萄球菌为多见，有时可见金黄色葡萄球菌、铜绿假单胞菌的存在。当皮肤受损时，这些细菌可趁机侵入，引起化脓性感染。

口腔中常见的细菌有各种球菌、乳酸杆菌、类白喉杆菌等。它们有的可以分解食物中的糖类，但产生有机酸也可以导致牙齿的损害。

正常的支气管末梢和肺泡是无菌的。上呼吸道的鼻前庭、鼻咽部以及气管的黏膜上有葡萄球菌、链球菌、肺炎链球菌、类白喉杆菌等。

胃肠道中所含细菌因部位不同而异。在胃中，细菌较少，主要由链球菌和乳酸杆菌组成。小肠除胃中的细菌外，还存在双歧杆菌、粪肠球菌、拟杆菌、大肠杆菌等。大肠中附着细菌约占肠腔内固体成分的55%，已从大肠中分离出近500种细菌，常见的约有40种，其中90%以上是专性厌氧菌。

正常情况下，仅在泌尿生殖器外部有细菌存在。如尿道末端常有葡萄球菌、乳酸杆菌和大肠杆菌。女性阴道内细菌的种类随内分泌变化而异。从月经初潮至绝经期，阴道内主要是乳酸杆菌类；而月经初潮前及绝经期后的妇女，阴道内主要有葡萄球菌、甲型链球菌、类白喉杆菌、大肠杆菌等。

在正常条件下，人体体表以及与外界相通的腔道经常存在着对人的健康无损害

正常情况下，正常菌群与人体保持平衡状态

的各种细菌，人们将其称为正常菌群或正常菌丛。这些细菌，有些只作暂时停留；而有些由于与人类长期相互适应以后，形成伴随终生的共生关系。

正常菌群不仅与人体保持平衡状态，而且菌群之间也相互制约，以维持相对的平衡。在这种状态下，正常菌群发挥其营养、拮抗、免疫等生理作用。

当某些因素破坏了人体与正常菌群之间的平衡，正常菌群中各种细菌的数量和比例发生变化时，我们将这种情况称为菌群失调。如果菌群失调没有得到有效控制，那么就会出现临床症状，引起二重感染，这被称为菌群失调症。

当人体各部位的正常菌群离开原来的寄居场所进入身体的其他部位，或当机体有损伤和抵抗力降低时，原来为正常菌群的细菌也可引起疾病，因此，人们称这些细菌为条件致病菌或机会致病菌。

生活中细菌喜欢的场所

化妆品是人们用来滋润皮肤和保护机体的日用品。化妆品更为女性所喜爱，然而，当你以幽雅芬芳的化妆品进行浓妆艳抹时，怎会想到这些膏霜实际上也是许多细菌的良好培养基呢？

根据化妆品的性质和用途，可分为膏霜类、头发用品类、修饰用品类等。属于膏霜类的如雪花膏、奶液等；属于头发用品类的如发乳、洗头膏、染发剂等；属于修饰用品类的如唇膏、胭脂等。作为这些化妆品的原料，有动物、植物性的有机物，也有各种无机物。这些原料中含有很多微生物生长所需要的碳源、氮源、水分和微量元素。这也就是细菌为什么喜欢藏身于此处的原因了。

另外，如果制造工艺不卫生，机械设备和包装容器被污染，生产环境不清洁，或者原料本身就带菌，这些情况下，只要温度适宜，污染的细菌就会迅速生长繁殖，致使膏霜变质，乳化性被破坏，透明液状制品变浑浊，同时产生异味，发生变色。

随着许多高级营养性护肤膏等化妆品纷纷出现，如人们在化妆品的膏霜中添加了珍珠粉、人参汁、蜂皇浆等物质，无疑，它对滋润皮肤和增生细胞起到了良好的作用。也正因为它们的营养丰富，微生物了就更加"喜爱"了，污染它的细菌种类和数量就更多了，因此，人们使用时更应特别注意才是。

下列是细菌最容易藏身的一些地方：

真空吸尘器——50%的真空吸尘器被测出含有大肠杆菌等粪便细菌。由于细菌在真空环境中能存活 5 天，因此，每次用完吸尘器后，应该往吸尘器的刷子上喷些消毒水。

运动手套——葡萄球菌非常"留恋"聚酯，而很多运动手套中含有聚酯，当人们抓起举重杠铃时，细菌就会乘虚而入到眼睛、鼻子和嘴里。因此，最好少戴手套，必须戴手套时，要提前准备消毒纸巾和洗手液。

2/3 超市手推车的把手上都有粪便细菌

超市手推车——2/3 超市手推车的把手上都有粪便细菌，甚至比普通公共浴室的都多。因此，使用前要用消毒纸巾擦拭把手。

健身器械——健身中心 63%的器械都携带鼻病毒，这种病毒是导致感冒的罪魁祸首。因此，健身时应避免触摸面部。

饭店菜单——菜单人人都看，因此极易传播各种病菌。在浏览菜品时不要让菜单接触餐盘，点完菜后应立即洗手。

飞机上的卫生间——飞机上的卫生间从水龙头表面到门把手，到处布满了大肠杆菌和导致感冒的致病菌。因此，乘飞机时传染上感冒的概率比平时要高 100 倍。

卧室的床——美国普通家庭的床中超过 84%的存在灰尘微粒。这些微生物寄生在床单上，以人的死皮为食，其排泄物和尸体很容易引起哮喘或过敏。

饮品中的柠檬片——放在餐馆玻璃杯中的柠檬片，近 70%含有可致病性细菌，其中包括大肠杆菌和其他能引起腹泻的细菌。因此，尽量不要在餐馆的饮品中加水果。

隐形眼镜盒——34%的眼镜盒上布满了沙雷菌、葡萄球菌等细菌，这些微生物易引起角膜炎。可以每天用热水清洗眼镜盒。一项研究发现，隐形眼镜洗液使用 2 个月后就会失去大部分抗菌能力。因此，应该每隔 1 个月买一瓶新洗液，即使原来的那瓶还没有用完。

浴帘——肥皂泡挂在浴帘上不只是不美观。一项研究发现，用塑料制成的浴帘更容易滋生细菌，繁殖大量病原体，例如鞘氨醇单胞菌和甲基杆菌。而淋浴喷雾的力量更会使细菌播散到其他地方。因此，最好选用毛料浴帘，也容易清洗，保证每月清洗一次。

 知识点

芽　孢

芽孢，在一定条件下，芽孢杆菌属（如炭疽杆菌）及梭状芽孢杆菌属（如破伤风杆菌、气性坏疽病原菌）能在菌体内形成一个折光性很强的不易着色小体，称为内芽孢（endospore），简称芽孢。

细菌与生物

在自然界中，细菌与细菌之间，细菌与动植物之间存在着共生和拮抗的关系。我们可以利用生物之间的拮抗作用，使用某些细菌的代谢产物、植物成分等抑制或杀灭病原性细菌，以防治传染病。其主要包括抗生素、噬菌体、中草药等。

（1）抗生素（antibiotic），是由放线菌、真菌或细菌等微生物在代谢过程中产生，并能抑制或杀灭其他微生物的有机化合物。

抗生素的种类很多，有些已能人工合成，其抗菌机制主要有以下几种：

①抑制细胞壁的合成，如青霉素、头孢霉素、杆菌肽等。

②增加细胞膜的通透性，抑制细胞膜的运输功能，如制霉菌素、多黏菌素等。

③抑制细菌蛋白质的合成，如氯霉素、四环素、庆大霉素、卡那霉素等。

④抑制细菌核酸的合成，如新生霉素、博来霉素等。

金银花

抗生素在临床上广泛的应用，在治疗传染病上起到了积极作用，但病原菌的耐药菌株日益增多。从患者标本中分离细菌做药物敏感试验，以选用对致病菌敏感的抗生素治疗，是减少耐药菌株和提高抗生素疗效的有效措施之一。

（2）噬菌体（bacteriophage）是寄生于细菌的病毒，具有一定的形态结构和严格的寄生性，需在活的易感细胞内增殖，并常将细菌裂解。

（3）临床实践和实验研究都证明，很多中草药有抑菌、杀菌作用，如黄连、黄柏、黄芩、连翘、金银花等，其不仅对多种细菌有抗菌作用，而且对某些抗生素耐药菌株也有抗菌效果。

细菌的毒力

细菌的致病性（pathogenicity）是指细菌能引起感染的能力。细菌的感染是指在固定条件下，细菌侵入宿主机体后，与宿主机体相互作用引起不同程度的病理过程。感染又称传染。

细菌的致病性是对特定宿主而言，有的仅对人类有致病性，有的只对某些动物有致病性，有的则对人类和动物都有致病性。不同病原菌对宿主可引起不同程度的病理过程和导致不同的疾病，例如伤寒沙门菌感染引起人类伤寒，而结核分歧杆菌则引起结核病，这是由细菌种属特性决定的。

我们通常把病原菌的致病性强弱程度，称为细菌的毒力（virulence）。各种病原菌的毒力是不太一致的，即使同种细菌也因菌型或菌株的不同而有差异，毒力常用半数致死量（median lethal dose, LD50）或半数感染量（median infective dose, ID50）表示，即在一定时间内，通过指定的感染途径，能使一定体重或年龄的某种实验动物半数死亡或感染所需要的最小细菌数或毒素量。因此，致病性是质的概念，毒力是量的概念。

病原菌侵入机体能否致病，与细菌的毒力、侵入机体的数量、侵入门户以及机体的免疫力、环境因素等密切相关。

细菌的毒力指的是构成细菌毒力的物质基础是侵袭力和毒素。但有的病原菌的毒力物质迄今尚未清楚。

病原菌突破宿主机体某些防御功能，进入机体并在体内定植、繁殖和扩散的能力，称为侵袭力（invasiveness）。侵袭力包括菌体表面结构和侵袭性酶。

菌体表面结构主要包括黏附素和荚膜。

沙门菌的发现者西奥博尔德·史密斯

细菌黏附于宿主体表或呼吸道、消化道、泌尿生殖道等黏膜上皮细胞是引起感染的首要条件。黏附作用可使细菌抵抗黏液的冲刷、呼吸道纤毛运动、肠蠕动、尿液冲洗等，进而在局部定植、繁殖，产生毒素或继续侵入细胞、组织引起感染。细菌的黏附作用是由黏附素决定的，黏附素是位于细菌细胞表面的特殊蛋白质。一类由细菌菌毛分泌，如由大肠杆菌Ⅰ型菌毛、淋病奈瑟菌菌毛分泌；另一类为非菌毛黏附素，如A群链球菌的脂磷壁酸。

黏附作用具有组织特异性，如淋病奈瑟菌黏附于泌尿生殖道；志贺菌黏附于结肠黏膜，此与宿主靶细胞表面的受体有关。动物实验证明抗菌毛抗体有预防疾病的作用。菌毛疫苗已用于兽医上的预防接种。

细菌荚膜本身没有毒性，但它具有抗吞噬作用和抗体液中杀菌物质的作用，使病原菌在宿主体内迅速繁殖，产生病变。有荚膜细菌失去荚膜后其致病力随之减弱，如有荚膜的肺炎球菌只需数个可杀死一只小鼠，而失去荚膜后的则需数亿个才能产生同样效果。有的细菌有微荚膜，如金黄色葡萄球菌的A蛋白、A群链球菌的M蛋白、伤寒沙门菌的Vi抗原、某些大肠埃希菌的K抗原等，都具有荚膜的功能。

侵袭性酶属胞外酶，一般不具有毒性，但能在感染过程中协助病原菌抗吞噬或扩散。如金黄色葡萄球菌产生的血浆凝固酶，能使血浆中液态纤维蛋白原变成固态的纤维蛋白，围绕在细菌表面，因而可抗宿主吞噬细胞的吞噬作用；A 群链球菌产生的透明质酸酶、链激酶、链道酶，能降解细胞间质的透明质酸、溶解纤维蛋白、消化脓液高黏性的 DNA 等，都有利于病原菌在组织中扩散。

此外，致病性球菌产生的杀白细胞素、溶血素能杀死或溶解吞噬细胞等，结核分歧杆菌的胞壁成分，如硫酸脑苷脂能抑制巨噬细胞溶酶体与吞噬体融合。

细菌毒素按来源、性质和作用的不同，可分为外毒素、内毒素 2 种。

外毒素（exotoxin）是某些细菌在代谢过程中产生并分泌到菌体外的毒性物质。主要由革兰阳性菌的破伤风梭菌、肉毒梭菌、产气荚膜梭菌、白喉棒状杆菌、金黄色葡萄球菌、A 群链球菌等产生，某些革兰阴性菌的痢疾志贺菌、鼠疫叶尔辛菌、霍乱弧菌、产毒性大肠埃希菌、铜绿假单胞菌等也能产生。大多数外毒素是在细菌细胞内合成并分泌至细胞外；但也有少数存在于菌体内，待菌体溶解后才释放，如痢疾志贺菌和产毒性大肠杆菌产生的外毒素。

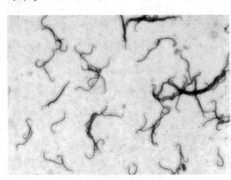

产气荚膜梭菌

外毒素的化学成分是蛋白质，其性质不稳定，不耐热，易被热、酸、蛋白酶分解破坏，如破伤风外毒素加热 60℃持续 20 分钟即破坏，但葡萄球菌肠毒素例外，能耐 100℃持续 30 分钟。经 0.3% 的甲醛处理后可失去毒性而保留抗原性，成为类毒素（toxoid）。

类毒素和外毒素抗原性强，可刺激机体产生能中和外毒素毒性的抗体，即抗毒素。类毒素和抗毒素可防治某些传染病，前者用于预防接种，后者用于治疗和紧急预防。

外毒素毒性极强，极少量即可使易感动物死亡，如 1 毫克纯化肉毒梭菌外毒素能杀死 2 亿只小鼠，毒性是氰化钾（KCN）的 1 万倍，是目前已知的最剧毒的毒物。各种外毒素对机体组织器官的作用有高度选择性，每种外毒素只能与特定的组织细胞受体结合，引起特殊病变。如肉毒毒素能阻断胆碱能神经末梢释放乙酰胆碱，引起肌肉松弛性麻痹；破伤风痉挛毒素主要与中枢神经系统抑制性突触结合，阻断抑制性介质释放，引起骨骼肌强直性痉挛收缩。

多数外毒素由 A、B 两个亚单位组成。A 亚单位是毒素的活性部分，即毒性中心，决定毒素的毒性效应；B 亚单位无毒，能与宿主靶细胞特殊受体结合，介导 A 亚单位进入靶细胞。单独的亚单位对宿主无致病作用。因此，外毒素分子结构的完整性是致病的必要条件。

根据对靶细胞的亲和性及作用机制不同，外毒素可分为神经毒素、细胞毒素和肠毒素 3 大类。

内毒素（endotoxin）是革兰阴性菌细胞壁的脂多糖组分。只有当细菌死亡裂解或人工破坏菌体后才能释放出来。螺旋体、衣原体、支原体、立克次体等细胞壁中也有内毒素样物质，具有内毒素活性。

内毒素的化学成分为脂多糖（lipopolysaccharide，LPS），LPS 由 O 特异性多糖、非特异性核心多糖、脂质 A 三部分组成。它极其耐热，需加热 160℃持续 2～4 小时或用强碱、强酸或强氧化剂煮沸 30 分钟才能破坏。用甲醛处理后不能成为类毒素，内毒素注射机体产生相应抗体，但中和作用较弱。

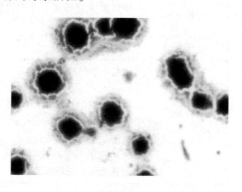

支原体

内毒素主要毒性成分是脂质 A。不同革兰阴性菌脂质 A 的化学组成虽有差异，但基本相似。因此不同革兰阴性菌感染时，其内毒素对机体组织器官的选择性不强，引起的病理变化和临床表现大致相似。

极微量的内毒素入血即可引起发热反应。其机制是细菌内毒素作为外源性致热原作用于吞噬细胞，使之产生内源性致热原，作用于机体下丘脑体温调节中枢引起发热。

内毒素能使大量白细胞黏附于微血管壁，引起循环血液中白细胞减少，继之白细胞增多，12～24小时达高峰。这是脂多糖诱生中性粒细胞释放因子刺激骨髓，释出大量中性粒细胞入血所致。

当血液或病灶内细菌释放大量内毒素入血，即导致内毒素血症（endotox-emia）。内毒素作用于巨噬细胞、中性粒细胞、血小板、补体系统、激肽系统等，诱生前列腺素、激肽等生物活性介质，使小血管功能紊乱而造成微循环障碍，表现为有效循环血量剧减，低血压，重要组织器官的血液灌注不足、缺氧、酸中毒等，严重时导致以微循环衰竭和低血压为特征的内毒素休克。

内毒素和外毒素的主要区别

区别要点	外毒素	内毒素
产生菌	多数革兰阳性菌，少数革兰阴性菌	全部为革兰阴性菌
存在部位	多数活菌分泌出，少数菌裂解后释出	细胞壁组分，菌裂解后释出
化学成分	蛋白质	脂多糖
稳定性	60℃半小时被破坏	160℃持续2～4小时被破坏
毒性作用	强，对组织细胞有选择性毒害效应，引起特殊临床表现	较弱，各菌的毒性效应相似，引起发热、白细胞增多、微循环障碍、休克等
免疫原性	强，刺激宿主产生抗毒素，甲醛液处理后脱毒成类毒素	弱，甲醛液处理不形成类毒素

细菌感染的发生，除病原菌必须具有一定毒力外，还需有足够的侵入数量，所需菌量多少与病原菌毒力强弱和机体免疫力高低有关。一般细菌毒力愈强，引起感染所需菌量愈小；反之需菌量大。如鼠疫叶尔辛菌毒力强，在无特异性免疫机体中，有数个细菌侵入即能引起鼠疫；而毒力弱的沙门菌，则需摄入数亿个细菌才能引起急性胃肠炎。

具有一定毒力和数量的病原菌通过特定的侵入门户，才能引起机体感染。病原菌大多具有一种特定的侵入门户，如破伤风梭菌的芽孢，必须侵入缺氧

的深部创口才能致病；志贺菌须经消化道侵入引起细菌性痢疾。也有一些病原菌可有多种侵入门户，如结核分歧杆菌可经呼吸道、消化道、皮肤创伤等多个门户引起感染。病原菌有特定的侵入门户，与病原菌生长繁殖需要特定的微环境有关。

菌　体

菌体，又叫微生物蛋白、单细胞蛋白。按生产原料不同，可以分为石油蛋白、甲醇蛋白、甲烷蛋白等；按产生菌的种类不同，又可以分为细菌蛋白、真菌蛋白等。1967年在第一次全世界单细胞蛋白会议上，将微生物菌体统称为单细胞蛋白。

抗菌与免疫

一般来说，每个人都有抗感染免疫（anti - infectious immunity）功能。所谓抗感染免疫，指的是机体抵抗病原生物及其有害产物，以维持生理稳定的功能。抗感染能力的强弱，除与遗传因素、年龄、机体的营养状态等有关外，决定于机体的免疫功能。

抗感染免疫包括先天性、获得性免疫2大类：①先天性免疫，是机体在种系发育进化过程中逐渐建立起来的一系列天然防御功能，是经遗传获得，能传给下一代，其作用并非针对某种病原体，故称非特异性免疫，由屏障结构、吞噬细胞及正常体液和组织免疫成分构成。②获得性免疫，是出生后经主动或被动免疫方式而获得的，是在生活过程中接触某种病原体及其产物而产生的特异性免疫，故称获得性免疫。在抗感染中，非特异性免疫发生在前，当特异性免疫产生后，即可明显增强非特异性免疫的能力。抗感染免疫包括抗细菌免疫、抗病毒免疫、抗真菌免疫、抗寄生虫免疫等。

病原菌侵入人体，首先要突破机体先天免疫的防线，病原菌侵入后一般经 7~10 天，机体才能产生获得性免疫，先天免疫与获得性免疫相互配合，共同发挥抗菌免疫作用。

先天免疫又称非特异性免疫，是人类在长期的种系发育和进化过程中，逐渐建立起来的一系列天然防御功能。其特点是：

（1）生来就有，受遗传基因控制，代代遗传，具有相对稳定性，个体差异小。

（2）作用无特异性，不是针对某一特定微生物，而是对各种微生物均有防御能力。

（3）再次接触相同微生物防御功能不增减。

非特异性免疫的物质基础包括机体的屏障结构、吞噬细胞和体液中的抗菌物质。

机体的屏障结构主要包括皮肤与黏膜、血脑屏障和胎盘屏障。

完整的皮肤和黏膜有机械阻挡作用，阻止细菌入侵。只有当皮肤或黏膜受损时细菌才能侵入。皮肤和黏膜经常分泌多种杀菌物质，如皮肤汗腺分泌的乳酸、皮脂腺分泌的脂肪酸，不同部位的黏膜分泌的溶菌酶、胃酸、蛋白酶等都有杀灭微生物的作用。溶菌酶存在于唾液、乳汁、泪液和鼻及气管等分泌液中，能溶解革兰阳性菌。胃酸有很强的杀菌力，防止病原菌入侵消化道。此外，寄居于皮肤和黏膜的正常菌群对某些病原菌有拮抗作用，如咽喉部甲型溶血性链球菌能抑制肺炎球菌生长。

血脑屏障是由软脑膜、脉络丛、脑血管、星状胶质细胞等组成。血脑屏障主要借脑毛细血管内皮细胞层的紧密连接和微弱的吞饮作用，来阻挡微生物及其毒性产物从血液进入脑组织或脑脊液，以此保护中枢神经系统。婴幼儿血脑屏障发育尚未完善，较易发生脑炎、脑膜炎等。

胎盘屏障由母体子宫内膜的基蜕膜和胎儿绒毛膜组成。在正常情况下，母体感染时病原体及其有害产物不能通过胎盘进入胎儿，从而起到保护胎儿的作用。但母体在妊娠 3 个月内，由于胎盘屏障发育尚未完善，若感染风疹病毒、巨细胞病毒、人类免疫缺陷病毒等时，病毒可经胎盘侵入胎儿，干扰其正常发育，导致胎儿流产、死胎或先天畸形。

病原微生物穿过体表屏障向机体内部入侵、扩散时，机体的吞噬细胞及体液中的抗微生物因子会发挥抗感染作用。

人体内专职吞噬细胞分为2类：①小吞噬细胞，主要是中性粒细胞，还有嗜酸性粒细胞；②大吞噬细胞即单核吞噬细胞系统，包括末梢血液中的单核细胞和淋巴结、脾、肝、肺以及浆膜腔内的巨噬细胞、神经系统内的小胶质细胞等。

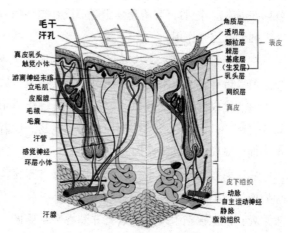

完整的皮肤结构图

当病原体通过皮肤或黏膜侵入组织后，中性粒细胞先从毛细血管游出并集聚到病原菌侵入部位。其杀菌过程的主要步骤：

（1）趋化与黏附。吞噬细胞在发挥其功能时，首先黏附于血管内皮细胞，并穿过细胞间隙到达血管外，由趋化因子的作用使其作定向运动，到达病原体所在部位。趋化因子的种类很多，如细菌来源的甲硫氨酰—亮氨酰—苯基丙氨酸、血小板活化因子等。吞噬细胞的黏附与细胞膜上的 3 种黏附分子，即 CD11a/CD18、CD11b/CD18 和 CD11c/CD18 有关。若吞噬细胞缺乏此类分子，会影响其对异物表面及血管内皮细胞的黏附，从而影响吞噬细胞功能的

发挥，临床上容易发生细菌或真菌的反复感染、牙周炎白细胞增多症等。

（2）调理与吞入。体液中的某些蛋白质覆盖于细菌表面有利于细胞的吞噬，此称为调理作用。具有调理作用的物质包括抗体 IgG1、IgG2 和补体 C3。经调理的病原菌易被吞噬细胞吞噬进入吞噬体

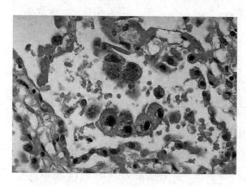

巨细胞病毒

（phagosome），随后，与溶酶体融合形成吞噬溶酶体，溶酶体内的多种酶类起杀灭和消化细菌作用。

（3）杀菌和消化。吞噬细胞的杀菌因素分氧化性杀菌、非氧化性杀菌2类。前者指有分子氧参与的杀菌过程，其机制是通过某些氧化酶的作用，使分子氧活化成为各种活性氧或氯化物，直接作用于微生物，或通过髓过氧化物酶（MPO）和卤化物的协同而杀灭微生物。后者不需要分子氧参与，主要由酸性环境和杀菌性蛋白构成。

病原菌被吞噬后经杀死、消化而排出者为完全吞噬。由于机体的免疫力和病原体种类及毒力不同，有些细菌如结核杆菌、麻风杆菌等虽被吞噬却不被杀死，甚至在细胞内生长繁殖并随吞噬细胞游走，扩散到全身称为不完全吞噬。

正常人体的组织和体液中有多种抗菌物质。在实验条件下，这些物质对某种细菌可分别表现出抑菌、杀菌或溶菌等作用。一般在体内这些物质的直接作用不大，常是配合其他杀菌因素发挥作用。

正常体液和组织中的抗菌物质

名称	来源或存在部位	化学性质	抗菌范围
补体	血清	球蛋白	革兰阴性菌
溶菌酶	吞噬细胞溶酶体、泪液、乳汁	碱性多肽	革兰阳性菌
乙型溶素	中性粒细胞	碱性多肽	革兰阳性菌
吞噬细胞杀菌素	中性粒细胞	碱性多肽	革兰阴性菌、少数革兰阳性菌
白细胞素	中性粒细胞	碱性多肽	革兰阳性菌
乳素	乳汁	蛋白质	革兰阳性菌（主要链球菌）

获得性免疫又称特异性免疫。当机体经病原细菌抗原作用后，可产生特异性体液免疫和细胞免疫，在感染中，以哪一种为主，则因病原菌种类不同而异。抗体主要作用于细胞外生长的细菌，对胞内菌的感染要靠细胞免疫发挥作用。

胞外菌感染的致病机制，主要是引起感染部位的组织破坏（炎症）和产生毒素。因此抗胞外菌感染的免疫应答在于排除细菌及中和其毒素。表现在以下几方面：

（1）抑制细菌的吸附。病原菌对黏膜上皮细胞的吸附是感染的先决条件。这种吸附作用可被正常菌群阻挡，也可由某些局部因素如糖蛋白或酸碱度等抑制。

（2）调理吞噬作用。中性粒细胞是杀灭和清除胞外菌的主要力量，抗体和补体具有免疫调理作用，能显著增强吞噬细胞的吞噬效应，对化脓性细菌的清除尤为重要。

其调理吞噬作用的机制有：

①IgG 的调理作用——性粒细胞和单核细胞表面具有 IgG1 和 IgG3 的 Fc 受体，Ig 以其 Fab 段与细菌表面抗原结合，其 Fc 段可与吞噬细胞 Fc 受体结合，两细胞间形成桥梁，促进吞噬细胞对细菌的吞噬。

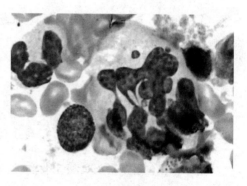

中性粒细胞

②C3b 的调理作用——中性粒细胞和单核细胞表面还有 C3b 受体，细菌与相应 IgG、IgM 形成复合物，在补体存在下，吞噬细胞表面的 C3b 受体可与 C3b 结合而起调理作用，这在抗细菌感染的早期尤为重要，此时产生的抗体主要是 IgM，其调理作用强于 IgG。此外，细菌细胞壁中的 LPS 及黏肽也可由旁路途径激活补体而起调理作用。

③红细胞的免疫粘连作用——红细胞表面也有 C3b 受体，细菌与相应抗体形成复合物后激活补体产生 C3b 附着于细菌表面，可借助免疫粘连作用而吸附到红细胞表面，随后和红细胞一起被吞噬。

（3）溶菌作用。细菌与特异性抗体（IgG 或 IgM）结合后，能激活补体的经典途径，最终导致细菌的裂解死亡。

（4）中和毒素作用。由细菌外毒素或由类毒素刺激机体产生的抗毒素，

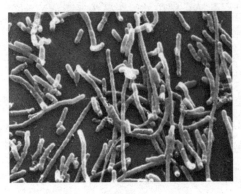

军团菌

主要为 IgG 类，可与相应毒素结合，中和其毒性，能阻止外毒素与易感细胞上的特异性受体结合，使外毒素不表现毒性作用。抗毒素与外毒素结合形成的免疫复合物随血循环最终被吞噬细胞吞噬。

如果病原菌侵入机体后主要停留在宿主细胞内，我们将其称为胞内菌感染。例如结核杆菌、麻风杆菌、布氏杆菌、沙门菌、李斯特菌、军团菌等，这些细菌可抵抗吞噬细胞的杀菌作用，宿主对胞内菌主要靠细胞免疫发挥防御功能。

 知识点

病原体

病原体，能引起疾病的微生物和寄生虫的统称。微生物占绝大多数，包括病毒、衣原体、立克次体、支原体、细菌、螺旋体和真菌；寄生虫主要有原虫和蠕虫。病原体属于寄生性生物，所寄生的自然宿主为动植物和人。能感染人的微生物超过 400 种，它们广泛存在于人的口、鼻、咽、消化道、泌尿生殖道以及皮肤中。

踏上征途
TASHANG ZHENGTU

　　人类注定会与各种各样的细菌撇不清关系。

　　作为地球上最早的一批居民，细菌是古老的。与它们的年龄相比，人类存在的时间甚至根本不值一提。在很多人印象里，细菌是一个贬义词，肮脏而恐怖。

　　其实，细菌与人类相互依存。它们中的大多数都能与人体和平共处，甚至还有不少与人体建立起了互惠合作关系。

　　不过，并不是所有的细菌都是这么温顺。人们对它们的恶感来源于他们中的一小撮罪恶分子。历史上，几次由细菌引发的大瘟疫甚至引发了不堪回首的灾难，让人类一度束手无策。

　　14世纪中叶，一场被称为黑死病的瘟疫爆发。短短5年内，就导致了欧洲1/3到1/2的人口死亡。在随后的300多年间，瘟疫在欧洲反复爆发，直到17世纪末、18世纪初才逐渐平息。

　　当时，人们并不知道瘟疫是由什么引起的。

　　直到1894年，法国细菌学家耶尔森在香港调查鼠疫时，终于发现鼠疫的罪魁祸首是一种细菌，即鼠疫耶尔森菌。

　　其实，能致病的微生物，并不止细菌一种。

　　但是和这些微生物相比，人类对付细菌一度最有把握，这来自被称为抗生素（也称抗菌素）的发现。

发现细菌

他看到了一个奇妙的世界

征服一个事物，都必须从认识它开始。同样，人类征服细菌，也是从认识细菌这一步开始的。回顾历史，我们不禁吃惊地发现，人类打开细菌世界大门的竟然是荷兰一个看守大门的无名之辈，他就是列文虎克。

列文虎克

1632 年，列文虎克出生于荷兰的代尔夫特。他的父亲是一个编箩筐和酿酒的小商人。不幸的是，列文虎克很小的时候，父亲就去世了。为了维持家庭生活，16 岁的列文虎克不得不离开了学校，到荷兰首都阿姆斯特丹一家杂货铺当学徒。在这里，白天，他要与那些分分计较的荷兰家庭主妇打交道；夜晚，店铺打烊以后，他靠着昏暗的烛光读着借来的各种书籍。他所读的书多种多样，上至天文，下至地理乃至生物的知识。他被书中的世界深深吸引了，并对自然科学产生了浓厚的兴趣。

杂货铺的隔壁是一家眼镜店，这是列文虎克最爱去的地方。在这里，他与眼镜店的工匠聊天，他将书中读到的一些有趣故事讲给工匠听，工匠则教会了他怎样磨制玻璃镜片。这是一门非常有用的技术，此后，磨制镜片有节奏的沙沙声几乎伴随了列文虎克整整一生。

很快，列文虎克度过了 6 年的学徒生涯。对列文虎克来说，这一时期正是充满幻想的时期，他最强烈的愿望是，能制造出一种放大的镜子，用它来观察自然界中那些细微的生物。

告别了学徒生活，列文虎克又走上了坎坷的人生道路。为了生活，他不得不四处奔走。又过了许多年，他才回到了家乡。在这里，只会讲荷兰语的列文虎克被人看作是一个无知无识的人。他先开了家杂货店，最后做了市政府的看门工人，每天打扫门前垃圾，定期爬上钟楼向全城市民报告时间。工作极为简单，收入也仅够过日子，但列文虎克有自己的兴趣所在。

列文虎克最大的嗜好就是不停地磨镜片。他有着坚不可摧的研究者的好奇心。他知道，通过透镜看到的东西比肉眼大得多，也非常有趣。他发誓要磨出世界上最好的镜片。就这样一天天过去了，列文虎克终于磨出了光洁透亮的镜片，他把两块镜片隔开一些距离，固定在一块金属板上，再装上一个调节镜片的螺旋杆。一架在当时最为精巧的魔镜便做成了。魔镜可将物体放大 300 倍，这就是世界上第一架显微镜。

有了这架显微镜，列文虎克兴奋不已。凡能到手的东西，他样样都拿来看看。他观察了许多小虫的器官，如蚊子的长嘴，蜜蜂刺人的针。他细看了鲸鱼的肌肉纤维和自己的皮肤屑片。

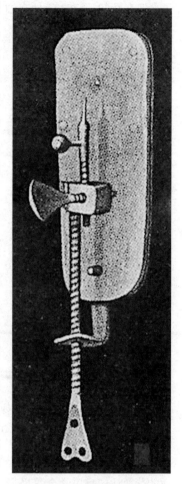

列文虎克发明的显微镜

他到肉店里去买回牛眼睛，看到水晶体的美妙组合，不禁大为惊奇。他一连几小时地细看羊毛、海狸毛和麋鹿毛的构造，这些纤细的毛在他的显微镜下像粗大的木头。

1669 年，列文虎克开始给英国皇家学会写报告，宣布他看到了"大量难以相信的极小的活泼的物体"，他将这些东西称为"微动物"。

1684 年，列文虎克准确地描述了红细胞，证明马尔皮基推测的毛细血管呈真实存在的。1702 年他在细心观察了轮虫以后，指出在所有露天积水中都可以找到微生物，因为这些微生物附着在微尘上、飘浮于空中并且随风转移。他追踪观察了许多低等动物和昆虫的生活史，证明它们都自卵孵出并经历了幼虫等阶段，而不是从沙子、河泥或露水中自然发生的。

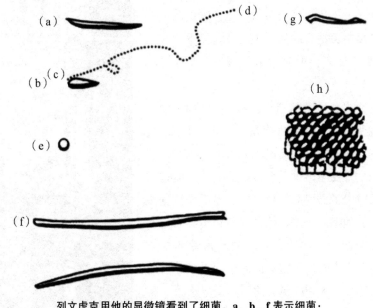

列文虎克用他的显微镜看到了细菌。a, b, f 表示细菌;
c, d 表示移动; e, f 表示球菌; g 表示螺旋菌

列文虎克不断地观察，详细地记录了他所看到的一切，并用他那质朴有趣的荷兰话向皇家学会写报告。

他告诉皇家学会，除了雨水外，各种各样的水中，如书房的水、屋顶上盆子里的水、不太清洁的德尔夫特运河中的水、园子中深井里汲上来的水中，到处都有这种"小生物"。它们好几千个合起来也不及一粒沙子大。

他告诉皇家学会，在他自己嘴里这些小东西也成群结队，这些小东西比整个荷兰王国的居民还要多。

后来，列文虎克在蛙和马的肠子里，在自己的排泄物中，都发现了这种"神秘新奇的小动物"。甚至在一次拉肚子后，他发现"小动物"居然汇集成堆。

读着列文虎克的这些来信，皇家学会的会员都大吃一惊。直到英国物理学家和天文学家胡克依照列文虎克的说明，做了一台显微镜，亲自观察了他信中所说的新发现，证明是事实。于是列文虎克的成果得到了肯定，他本人也被吸收为皇家学会会员。

列文虎克的发现轰动了全世界。人们从各地拥向荷兰的德尔夫特城，要求亲眼看看这个肉眼看不见的奇妙天地。列文虎克的声望越来越大。俄国沙皇彼得大帝和

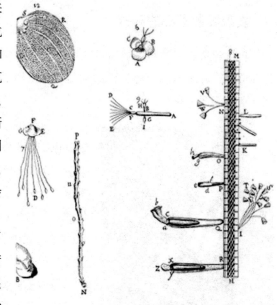

列文虎克信中的一页图，
分别为一种水草和小动物

英国女王对这位看门老头的魔镜也发生了兴趣，亲自登门拜访，请求瞧一下镜中的秘密。

列文虎克把观察的内容写成了一部划时代的著作《自然界的秘密》，分 7 卷出版。在他的一生中，用手工磨制的透镜片达 419 枚，制成了 247 台简易显微镜和 172 个小型放大镜。

1716 年，这时列文虎克已经 84 岁，劳万大学授予他奖章和一首赞扬的诗，是用拉丁文写的，这一荣誉相当于今天的荣誉学位。因为他不会读拉丁文，诗是别人念给他听的。他后来在给皇家学会的信中写道，这使他"眼泪夺眶而出"。

直到 1723 年去世时，他仍然积极工作。他最后一封信是他女儿寄出的，赠给这个显赫科学家的组织一只箱子，里面装有 26 件他最精致和最心爱的银质显微镜。

1723 年 2 月 27 日，91 岁高龄的列文虎克离开了人世。

发现细菌世界的利器

自从列文虎克发明了显微镜之后，人们利用它来观察细小的生物，从而也知道了许许多多、各种各样的细菌。即使到了现在，显微镜依然是人类发现细菌的主要工具。

普通光学显微镜

一般来说，显微镜可以分成光学显微镜、电子显微镜和扫描隧道显微镜几大类。

（1）普通光学显微镜的构造主要分为3部分：机械部分、照明部分和光学部分。机械部分包括镜座、镜柱、镜臂、镜筒、物镜转换器（旋转器）、镜台（载物台）和调节器等几部分。

显微镜的镜座是它的底座，用以支持整个镜体。镜柱是镜座上面直立的部分，用以连接镜座和镜臂。镜臂一端连于镜柱，一端连于镜筒，是取放显微镜时手握部位。镜筒连在镜臂的前上方，镜筒上端装有目镜，下端装有物镜转换器。物镜转换器接于棱镜壳的下方，可自由转动，盘上有 3～4 个圆孔，是安装物镜部位，转动转换器可以调换不同倍数的物镜，当听到碰叩声时，才可进行观察，此时物镜光轴恰好对准通光孔中心，光路接通。转换物镜后，不允许使用粗调节器，只能用细调节器，使像清晰。镜台在镜筒下方，形状有方、圆两种，用以放置玻片标本；中央有一通光孔，我们所用的显微镜其镜台上装有玻片标本推进器（推片器），推进器左侧有弹簧夹，用以夹持玻片标本，镜台下有推进器调节轮，可使玻片标本作左右、前后方向的移动。调节器是装在镜柱上的大小两种螺旋，调节时使镜台作上下方向的移动。

照明部分装在镜台下方，包括反光镜和集光器。

　　反光镜装在镜座上面，可向任意方向转动，它有平、凹两面，其作用是将光源光线反射到聚光器上，再经通光孔照明标本。凹面镜聚光作用强，适于光线较弱的时候使用；平面镜聚光作用弱，适于光线较强时使用。

　　集光器（聚光器）位于镜台下方的集光器架上，由聚光镜和光圈组成，其作用是把光线集中到所要观察的标本上。聚光镜由一片或数片透镜组成，起汇聚光线的作用，加强对标本的照明，并使光线射入物镜内，镜柱旁有一调节螺旋，转动它可升降聚光器，以调节视野中光亮度的强弱。光圈在聚光镜下方，由十几张金属薄片组成，其外侧伸出一柄，推动它可调节其开孔的大小，以调节光量。

　　显微镜的光学部分包括目镜和物镜。

显微镜的目镜

　　目镜装在镜筒的上端，通常备有 2~3 个，上面刻有 5×、10× 或 15× 符号以表示其放大倍数，一般装的是 10× 的目镜。物镜装在镜筒下端的旋转器上，一般有 3~4 个物镜，其中最短的刻有"10×"符号的为低倍镜，较长的刻有"40×"符号的为高倍镜，最长的刻有"100×"符号的为油镜，此外，在高倍镜和油镜上还常加有一圈不同颜色的线，以示区别。显微镜的放大倍数是物镜的放大倍数与目镜的放大倍数的乘积。

　　目镜和物镜都是凸透镜，焦距不同。物镜相当于投影仪的镜头，物体通过物镜成倒立、放大的实像。目镜相当于普通的放大镜，该实像又通过目镜成正立、放大的虚像。反光镜用来反射，照亮被观察的物体。反光镜一般有两个反射面：一个是平面，在光线较强时使用；一个是凹面，在光线较弱时使用。

除这种普通显微镜外，光学显微镜还有其他几种：

暗视场显微镜——这种显微镜使用特殊的暗视场聚光镜使照明光线偏移而不进入物镜，只有样品的散射光进入物镜。因而在暗背景上得到亮的像，与暗视场照明相反，照明的光线直接到达成像平面的，称明视场照明。暗视场显微镜主要用于观察结构和折射率变化有关的物体，如硅藻、放射虫类、细菌等具有规律结构的单细胞生物以及细胞中的线状结构（如鞭毛、纤维等）。用暗视场显微镜还可观察到物镜分辨极限以下的质点，但不适用于观察染色的标本。

相差显微镜——这种显微镜利用物体不同结构成分之间的折射率和厚度的差别，把通过物体不同部分的光程差转变为振幅（光强度）的差别，经过带有环状光圈的聚光镜和带有相位片的相差物镜实现观测的显微镜。主要用于观察活细胞或不染色的组织切片，有时也可用于观察缺少反差的染色样品。

干涉显微镜——这种显微镜采用通过样品内和样品外的相干光束产生干涉的方法，把相位差（或光程差）转换为振幅（光强度）变化的显微镜，根据干涉图形可分辨出样品中的结构，并可测定样品中一定区域内的相位差或光程差。由于分开光束的方法不同，有不同类型的干涉显微镜和用于测定非均匀样品的积分显微镜干涉仪。干涉显微镜主要用于测定活的或未固定的相互分散的细胞或组织的厚度或折射率。

荧光显微镜——这种显微镜用激发光照射样品，根据样品产生的荧光进行观察的显微镜。生物学、医学中应用的荧光有自发荧光、诱发荧光、荧光着色、免疫荧光等。荧光显微镜激发光照射的方式，有透射和落射两种。

（2）电子显微镜由镜筒、真空系统和电源柜三部分组成。镜筒主要有电子枪、电子透镜、样品架、荧光屏和照相机构等部件，这些部件通常是自上而下地装配成一个柱体；真空系统由机械真空泵、扩散泵和真空阀门等构成，并通过抽气管道与镜筒相连接，电源柜由高压发生器、励磁电流稳流器和各

种调节控制单元组成。

电子透镜是电子显微镜镜筒中最重要的部件，它用一个对称于镜筒轴线的空间电场或磁场使电子轨迹向轴线弯曲形成聚焦，其作用与玻璃凸透镜使光束聚焦的作用相似，所以称为电子透镜。现代电子显微镜大多采用电磁透镜，由很稳定的直流励磁电流通过带极靴的线圈产生的强磁场使电子聚焦。

电子显微镜

电子枪是由钨丝热阴极、栅极和阴极构成的部件。它能发射并形成速度均匀的电子束，所以加速电压的稳定度要求不低于 1/10000。

电子显微镜是根据电子光学原理，用电子束和电子透镜代替光束和光学透镜，使物质的细微结构在非常高的放大倍数下成像的仪器。

电子显微镜的分辨能力以它所能分辨的相邻两点的最小间距来表示。20世纪 70 年代，透射式电子显微镜的分辨率约为 0.3 纳米（人眼的分辨本领约为 0.1 毫米）。现在电子显微镜最大放大倍率超过 300 万倍，而光学显微镜的最大放大倍率约为 2000 倍，所以通过电子显微镜就能直接观察到某些重金属的原子和晶体中排列整齐的原子点阵。

1931 年，德国的诺尔和鲁斯卡，用冷阴极放电电子源和 3 个电子透镜改装了一台高压示波器，并获得了放大十几倍的图像，成像的是透射电镜，证实了电子显微镜放大成像的可能性。1932 年，经过鲁斯卡的改进，电子显微镜的分辨能力达到了 50 纳米，约为当时光学显微镜分辨本领的 10 倍，突破了光学显微镜分辨极限，于是电子显微镜开始受到人们的重视。

到了 20 世纪 40 年代，美国的希尔用消像散器补偿电子透镜的旋转不对称性，使电子显微镜的分辨本领有了新的突破，逐步达到了现代水平。在中国，1958 年研制成功透射式电子显微镜，其分辨本领为 3 纳米，1979 年又制成分辨本领为 0.3 纳米的大型电子显微镜。

电子显微镜的分辨本领虽已远胜于光学显微镜，但电子显微镜因需在真空条件下工作，所以很难观察活的生物，而且电子束的照射也会使生物样品受到辐照损伤。其他的问题，如电子枪亮度和电子透镜质量的提高等问题也有待继续研究。

（3）扫描隧道显微镜也称为"扫描穿隧式显微镜"、"隧道扫描显微镜"，是一种利用量子理论中的隧道效应探测物质表面结构的仪器。它于 1981 年由格尔德·宾宁及海因里希·罗雷尔在 IBM 位于瑞士苏黎世的苏黎世实验室发明，两位发明者因此与恩斯特·鲁斯卡分享了 1986 年诺贝尔物理学奖。

扫描隧道显微镜作为一种扫描探针显微术工具，扫描隧道显微镜可以让科学家观察和定位单个原子，它具有比它的同类原子力显微镜更加高的分辨率。此外，扫描隧道显微镜在低温下可以利用探针尖端精确操纵原子，因此它在纳米科技既是重要的测量工具又是加工工具。

扫描隧道显微镜使人类第一次能够实时地观察单个原子在物质表面的排列状态和与表面电子行为有关的物化性质，在表面科学、材料科学、生命科学等领域的研究中有着重大的意义和广泛的应用前景，被国际科学界公认为 20 世纪 80 年代世界十大科技成就之一。

看得更清

为了能更清楚地观察细菌，人们除了采用显微镜，还对其进行了染色处理，这就是染色法。

染色法是染色剂与细菌细胞质的结合。最常用的染色剂是盐类。其中，碱性染色剂（basic stain）由有色的阳离子和无色的阴离子组成，酸性染色剂（acidic stain）则相反。菌细胞富含核酸，可以与带正电荷的碱性染色剂结合；酸性染色剂不能使细菌着色，而使背景着色形成反差，故称为负染（negative staining）。

染色法有多种，最常用最重要的分类鉴别染色法是革兰染色法（Gram stain）。该法是丹麦细菌学家革兰（Hans Christian Gram）于 1884 年创建，至今仍在广泛应用。

该方法是将标本固定后，先用碱性染料结晶紫初染，再加碘液媒染，使之生成结晶紫—碘复合物；此时不同细菌均被染成深紫色。然后用95%乙醇处理，有些细菌被脱色，有些不能。最后用稀释复红或沙黄复染。

此法可将细菌分为2大类：①不被乙醇脱色仍保留紫色者为革兰阳性菌，②被乙醇脱色后复染成红色者为革兰阴性菌。

革兰染色法在鉴别细菌、选择抗菌药物、研究细菌致病性等方面都具有极其重要的意义。

虽然至今革兰染色法的原理尚未

丹麦细菌学家革兰

完全阐明。但与菌细胞壁结构密切相关，如果在结晶紫—碘染之后，乙醇脱色之前去除革兰阳性菌的细胞壁，革兰阳性菌细胞就能够被脱色。目前，对革兰阳性和革兰阴性菌细胞壁的化学组分已十分清楚，但对革兰阳性菌细胞壁阻止染料被溶出的原因尚不清楚。

细菌染色法中尚有单染色法、抗酸染色法，以及荚膜、芽孢、鞭毛、细胞壁、核质等特殊染色法。

但对于致病性细菌，人们则采用了更复杂的一套检验和诊断方法，其主要包括：分离培养、生化试验、血清学试验、动物试验、药物敏感试验、分子生物学技术等。

从原则上来讲，所有标本均应作分离培养，以获得纯培养后进一步鉴定。原为无菌部位采取的血液、脑脊液等标本，可直接接种至营养丰富的液体或固体培养基。从正常菌群存在部位采取的标本，应接种至选择或鉴别培养基。接种后放37℃孵育，一般经16～20小时大多可生长茂盛或形成菌落。少数如布鲁菌、结核分歧杆菌生长缓慢，分别需经3～4周和4～8周才长成可见菌落。分离培养的阳性率要比直接镜检高，但需时较久。

细菌的代谢活动依靠系列酶的催化作用，不同致病菌具有不同的酶系，所以其代谢产物不尽相同，因此根据这个可对一些致病菌进行鉴别。例如肠

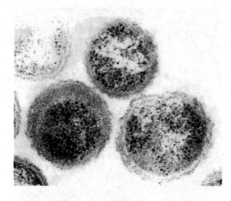

布鲁菌

道杆菌种类很多，形态、染色性基本相同，菌落亦类似。但它们的糖类和蛋白质的分解产物不完全一样，因而可利用不同基质进行生化试验予以区别之。

采用含有已知特异抗体的免疫血清与分离培养出的未知纯种细菌进行血清学试验，可以确定致病菌的种或型。常用方法是玻片凝集试验，在数分钟内就能得出结果。免疫荧光、协同凝集、对流免疫电泳、酶免疫、间接血凝、乳胶凝集等试验可快速、灵敏地检测标本中的微量致病菌特异抗原。这些方法的另一优点是即使患者已用抗生素等药物治疗，标本中的病菌被抑制或杀死培养不成功时，其特异抗原仍可检出，有助于确定病因。

动物试验主要用于分离、鉴定致病菌，测定菌株产毒性等。常用实验动物有小鼠、豚鼠、家兔等。应按实验要求，选用一定的体重和年龄，具有高度易感性的健康动物。接种途径有皮内、皮下、腹腔、肌肉、静脉、脑内、灌胃等。接种后应仔细观察动物的食量、精神状态和局部变化，有时尚要测定体重、体温、血液等指标。若死亡应立即解剖，检查病变，或进一步作分离培养，证实由何病菌所致。含杂菌多的标本，也可通过接种易感动物获得纯培养，达到分离致病菌的目的。例如将疑患肺炎链球菌性肺炎病人痰接种至小鼠腹腔。测试细菌的产毒性，可用家兔或豚鼠皮肤检测白喉棒状杆菌是否产生白喉毒素；家兔结扎肠段测定大肠杆菌不耐热肠毒素等。

药敏试验对指导临床选择用药，及时控制感染有重要意义。其方法有纸碟法、小杯法、凹孔法、试管法等，以单片纸碟法和试管稀释法常用。纸碟法是根据抑菌圈有无、大小来判定试验菌对该抗菌药物耐药或敏感。试管法是以抗菌药物的最高稀释度仍能抑制细菌生长管为终点，该管含药浓度即为试验菌株的敏感度。

随着分子生物学技术的发展，人类应用核酸杂交和 PCR 技术检测致病细菌核酸也取得了很大的进展。

核酸杂交技术的原理是应用放射性核素或生物素、地高辛苷原、辣根过氧化物酶等非放射性物质标记的已知序列核酸单链作为探针，在一定条件下，按照碱基互补原则与待测标本的核酸单链退火形成双链杂交体。然后，通过杂交信号的检测，鉴定血清、尿、粪或活检组织等中有无相应的病原体基因及其分子大小。

人们将疑患肺炎链球菌性肺炎病人痰接种至小鼠腹腔以分离致病菌

核酸杂交技术有液相与固相之分。固相核酸杂交较常用，有原位杂交、斑点杂交、Southern 印迹、Northern 印迹等。核酸杂交可从标本中直接检出病原体，不受标本中的杂质干扰，对尚不能或难分离培养的病原体尤为适用。用核酸杂交技术来检测细菌感染中的致病菌，有结核分歧杆菌、幽门螺杆菌、空肠弯曲菌、致病性大肠杆菌等。

PCR 技术是一种无细胞的分子克隆技术，能在体外经数小时的处理即可扩增成上百万个同一基因分子。PCR 技术的基本步骤为从标本中提取 DNA 作为扩增模板；选用一对特异寡核苷酸作为引物，经不同温度的变性、退火、延伸等使之扩增；扩增产物作溴乙啶染色的凝胶电泳，紫外线灯下观察特定碱基对数的 DNA 片段；出现橙红色电泳条带者为阳性。若需进一步鉴定，可将凝胶中分离的 PCR 产物回收，再用特异探针确定。

PCR 技术具有快速、灵敏和特异性强等特点，现已用于生物医学中的多个领域。在细菌学方面，可用 PCR 技术检测标本中的结核分歧杆菌、淋病奈瑟菌、肠产毒素型大肠埃希菌、军团菌等中的特异性 DNA 片段。

除此之外，人们也常采用其他一些方法来观察、检测细菌。比如有人用气相色谱法检测细菌在代谢过程中产生的挥发性脂肪酸谱，来诊断厌氧菌感染；对葡萄球菌、伤寒沙门菌、志贺菌等，人们用型特异噬菌体进行分型，以追踪传染源等。

细菌的培养

为了更好地观察细菌、了解细菌、掌握细菌生长繁殖的规律，人们开始用人工方法提供细菌所需要的条件来培养细菌，以满足不同的需求。

人工培养细菌，除需要提供充足的营养物质使细菌获得生长繁殖所需要的原料和能量外，尚要有适宜的环境条件，如酸碱度、渗透压、温度和必要的气体等。

根据不同标本及不同培养目的，可选用不同的接种和培养方法。常用的有细菌的分离培养和纯培养两种方法。已接种标本或细菌的培养基置于合适的气体环境，需氧菌和兼性厌氧菌置于空气中即可，专性厌氧菌须在无游离氧的环境中培养。多数细菌在代谢过程中需要二氧化碳，但分解糖类时产生的二氧化碳已足够其所需，且空气中还有微量二氧化碳，不必额外补充。只有少数菌如布鲁菌、脑膜炎奈瑟菌、淋病奈瑟菌等，初次分离培养时必须在5%～10%二氧化碳环境中才能生长。

病原菌的人工培养一般采用35～37℃，培养时间多数为18～24小时，但有时需根据菌种及培养目的作最佳选择，如细菌的药物敏感试验则应选用对数期的培养物。

培养基（culture medium）是由人工方法配制而成的，专供微生物生长繁殖使用的混合营养物制品。培养基一般为中性，少数的细菌按生长要求调整pH值偏酸或偏碱。许多细菌在代谢过程中分解糖类产酸，所以常在培养基中加入缓冲剂，以保持稳定的pH值。培养基制成后必须经灭菌处理。

培养基按其营养组成和用途不同，分为以下几类：基础培养基、增菌培养基、选择培养基、厌氧培养基、鉴别培养基。

基础培养基（basic medium）含有多数细菌生长繁殖所需的基本营养成分。它是配制特殊培养基的基础，也可作为一般培养基用。如营养肉汤（nutrient broth）、营养琼脂（nutrient agar）、蛋白胨水等。

人们为了了解某种细菌的特殊营养要求，还配制出适合这种细菌而不适合其他细菌生长的增菌培养基（enrichment medium）。在这种培养基上生长的是营养要求相同的细菌群。它包括通用增菌培养基和专用增菌培养基，前者为基础培养基中添加合适的生长因子或微量元素等，以促使某些特殊细菌生长繁殖，例如链球菌、肺炎链球菌需在含血液或血清的培养基中生长；后者又称为选择性增菌培养基，即除固有的营养成分外，再添加特殊抑制剂，有利于目的菌的生长繁殖，如碱性蛋白胨水用于霍乱弧菌的增菌培养。

在培养基中加入某种化学物质，使之抑制某些细菌生长，而有利于另一些细菌生长，从而将后者从混杂的标本中分离出来，这种培养基，称为选择培养基（selective medium）。例如培养肠道致病菌的 SS 琼脂，其中的胆盐能抑制革兰阳性菌，枸橼酸钠和煌绿能抑制大肠杆菌，因而使致病的沙门菌和志贺菌容易分离到。若在培养基中加入抗生素，也可起到选择作用。实际上有些选择培养基、增菌培养基之间的界限并不十分严格。

用于培养和区分不同细菌种类的培养基称为鉴别培养基（differential medium）。利用各种细菌分解糖类和蛋白质的能力及其代谢产物不同，在培养基中加入特定的作用底物和指示剂，一般不加抑菌剂，观察细菌在其中生长后对底物的作用如何，从而鉴别细菌。

专供厌氧菌的分离、培养和鉴别用的培养基，称为厌氧培养基（anaerobic medium）。这种培养基营养成分丰富，含有特殊生长因子，氧化还原电势低，并加入亚甲蓝作为氧化还原指示剂。

此外，还可根据对培养基成分了解的程度将其分为 2 大类：①化学成分确定的培养基（defined medium），又称为合成培养基（synthetic medium）；②化学成分不确定的培养基（undefined medium），又称天然培养基（complex medium）。也可根据培养基的物理状态的不同分为液体、固体和半固体 3 大类：①液体培养基可用于大量繁殖细菌，但必须种入纯种细菌；②固体培养基常用于细菌的分离和纯化；③半固体培养基则用于观察细菌的动力和短期保存细菌。

 知识点

革 兰

革兰，（1853—1938 年）是丹麦细菌学家。

革兰在 1878 年进入医学院，并于 1883 年毕业。1884 年在柏林，革兰开发了两种细菌的主要类别区分的方法。这种技术，就是革兰氏染色，一直到现在，这仍然是一个在医学微生物学的标准程序。

灭菌的方法

李斯特

"李斯特灵"消毒水

我们许多人都曾用过一种叫"李斯特灵"的消毒药水，它正是为了纪念伟大的外科医师约瑟夫·李斯特而命名的。李斯特是一位微生物学家，他首倡于外科手术时采用消毒杀菌法，使手术后的病人由很高的细菌感染及死亡率降低至几乎为零，造福了全球人类。

物理消毒灭菌法

一般情况下，人们为了清除环境中的细菌，通常采用物理、化学及生物的方法来切断传播途径，保护易感人群，从而控制或消灭传染病。在了解消毒灭菌的知识之前，我们必须先弄懂几个术语。

消毒（disinfection）：它指的是杀灭物体上病原细菌的方法。用于消毒的化学药品称消毒剂。常用浓度下的消毒剂，只对细菌繁殖体有效，对其芽孢则需提高消毒剂浓度和延长作用时间才能杀灭。

灭菌（sterilization）：它是指杀灭物体上所有细菌，包括细菌芽孢的方法。

无菌（asepsis）：它指的是在物体中没有活的细菌存在，防止细菌进入机体或物体的方法，称为无菌操作或无菌技术。进行微生物学实验、外科手术、换药、注射时，均需严格遵守无菌操作规定。

防腐（antisepsis）：它是一种防止或抑制细菌在物体中生长繁殖的方法。用于防腐的化学药品称防腐剂。使用同一种化学药品低浓度时为防腐剂，高浓度则为消毒剂。

卫生清理（sanitation）：它是将微生物污染了的无生命物体表面还原为安全水平的处理过程。例如医院内的病房、病人使用过的用具、布类的卫生处理等。

在通常，人们最常用的消毒灭菌法是物理消毒灭菌法，它通常包括热力、紫外线、辐射、超声波、滤过除菌、干燥法等。

紫外线杀菌器

热力能破坏微生物的蛋白质和核酸，使蛋白质变性凝固，核酸解链崩裂，从而导致其死亡。其主要包括干热灭菌法和湿热消毒灭菌法。

干热灭菌法通常采用焚烧、烧灼、干烤等方法。

焚烧仅用于废弃的被病原细菌污染的物品、垃圾、人及动物尸体等。烧灼用于微生物实验室的接种环、金属器械、试管口、瓶口等的灭菌。

干烤指的是使用干烤箱灭菌，一般需加热至 160~170℃经 2 个小时后可达到灭菌的目的。它适用于玻璃器皿、瓷器、金属物品等的灭菌。

将水煮沸可用于杀菌

湿热消毒灭菌法包括巴氏消毒法、煮沸法、流通蒸气法、高压蒸气灭菌法等。

巴氏消毒法因法国学者巴斯德创用而得名。主要以较低温度杀灭病原菌或特定微生物，而使物品中不耐热成分不被破坏。这种消毒法通常有 2 种：①加热到 61.1~62.8℃并持续 30 分钟；②加热到 71.7℃并持续 15~30

秒。现在人们多用后种方法对牛奶进行消毒。

煮沸法指将物体煮沸100℃持续5~10分钟，这样就可杀死细菌繁殖体。但芽孢则需要煮沸1~2小时。这种方法通常用于注射器、食具与饮水的消毒。

流通蒸气法是用阿诺（Arnold）蒸锅或普通蒸笼，加热100℃，持续15~30分钟，这样可以杀灭细菌的繁殖体。如果将消毒后的物品放入37℃的孵箱进行培养，使芽孢发育成繁殖体，次日再蒸一次，如此连续3次以上，则可以达到灭菌效果，这种方法称为间歇灭菌法。这种方法常用于不耐高温的物品，比如糖类、血清和鸡蛋培养基等。

普通蒸笼也可用来消毒

高压蒸气灭菌法是一种迅速而有效的灭菌方法。它使用高压蒸气灭菌器，利用加热产生蒸气，随着蒸气压力不断增加，温度随之升高，当器内温度达到121.3℃时，维持15~30分钟，就可杀灭包括芽孢在内的所有细菌。此法常用于一般培养基、生理盐水、手术器械及敷料等耐湿和耐高温物品的灭菌。

除了热力灭菌法，采用紫外线与电离辐射消毒效果也非常显著。

日光消毒是最简单、经济的方法，只要将病人的被褥、衣服、书报等在日光下曝晒数小时，可杀死表面的大部分微生物。日光中杀菌的成分主要是紫外线。紫外线的波长在200~300纳米时具有杀菌作用，其中以265~266纳米波长的紫外线杀菌力最强。紫外线的杀菌原理主要是细菌DNA吸收紫外线后，一条链上相邻的2个嘧啶通过共价键结合形成二聚体，从而干扰了DNA的正常碱基配对，导致细菌死亡或变异。

紫红外线能透过石英，但不能穿过一般玻璃或薄纸，因此，紫外线只适用于物体表面及空气的消毒，例如手术室、婴儿室、传染病房、无菌制剂室、微生物接种室的空气消毒。

　　X 射线、γ 射线、阴极射线等电离辐射也有较高的能量与穿透力，因而可产生较强的致死效应。其机制在于产生游离基，破坏细菌的 DNA。此法常用于大量一次性医用塑料制品的消毒，也可用于中药成药和食品的消毒，而不破坏其化学成分和营养成分。

　　超声波消毒灭菌的效果也不错。超声波杀菌机制主要是它通过水时发生空化作用，而破坏了细菌细胞质的胶体状体，使其胞膜、胞质分离，胞壁及胞膜破碎致细菌繁殖体死亡。此法主要用于粉碎细胞，以提取细胞组分或制备抗原等。

　　微波是一种波长为 1 毫米至 1 米左右的电磁波。它能穿透玻璃、塑料薄膜、陶瓷等物质，但不能穿透金属表面。目前用于消毒的微波有 2450 兆赫与 915 兆赫两种。它常用于检验室用品、非金属器械、无菌病室的食品用具及其他用品的消毒。

　　除这些外，用滤菌器阻留过滤液体和气体的细菌的滤过除菌法也可以达到无菌的目的。滤菌器含有微细小孔，只允许液体或气体通过，而大于孔径的细菌等颗粒不能通过。常用滤菌器有蔡氏滤器、玻璃滤器、薄膜滤器及高效颗粒空气滤器 4 种。主要用于不耐热的血清、抗毒素、生物药品以及空气等的除菌。

　　滤膜滤器（membrane filter）由硝基纤维素制成薄膜，装于滤器上，其孔径大小不一，常用于除菌的为 0.22 微米。硝基纤维素的优点是本身不带电荷，故当液体滤过后，其中有效成分丧失较少。

　　蔡氏滤器（Seitz filter）是用金属制成，中间夹石棉滤板，按石棉分 K、EK、EK－S 三种，常用 EK 号除菌。

　　玻璃滤器是用玻璃细沙加热压成小碟，嵌于玻璃漏斗中一般为 G1、G2、G3、G4、G5、G6 六种，G5、G6 可阻止细菌通过。

　　实验室等处应用的超净工作台，

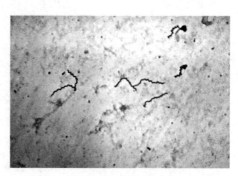

梅毒螺旋体

就是利用过滤除菌的原理去除进入工作台空气中的细菌。

多数细菌的繁殖体在空气中干燥时很快死亡，例如脑膜炎双球菌、淋球菌、霍乱弧菌、梅毒螺旋体等。有些细菌抗干燥力较强，尤其有蛋白质等物质保护时。例如溶血性链球菌在尘埃中存活 25 日，结核杆菌在干痰中数月不死。芽孢抵抗力更强，例如炭疽杆菌耐干燥 20 余年。干燥法常用于保存食物、浓盐或糖渍食品，可使细菌体内水分逸出，造成生理性干燥，使细菌的生命活动停止。

化学消毒法

除了物理消毒法，化学消毒法也常常被人们所采用。在当前，许多化学药物都有抑制或杀灭细菌作用。我们按作用不同，将其分为化学消毒剂和化学治疗剂 2 类，分别用于消毒、防腐和治疗疾病。

具有杀死微生物的化学药物称消毒剂。消毒剂对人体有毒性作用，只能外用，不能内服。主要用于皮肤黏膜的伤口、器械、排泄物和周围环境的消毒。消毒剂在低浓度时也可作防腐用，但防腐剂的关键是应要对人体无毒性作用。

消毒剂种类浓度与用途

类　别	名　称	浓　度	用　途
重金属盐类	红汞	2%	皮肤黏膜的小创伤消毒
	升汞	0.05% ~ 0.1%	非金属器皿浸泡消毒
	硝酸银	1%	新生儿滴眼防淋球菌感染
氧化剂	高锰酸钾	0.1%	皮肤黏膜消毒
	过氧化氢	3%	皮肤黏膜创口消毒
	过氧乙酸	0.2% ~ 0.5%	塑料、玻璃器材消毒
	碘酒	2.0% ~ 2.5%	皮肤消毒
	氯	0.2ppm ~ 0.5ppm	饮水及游泳池消毒
	漂白粉	10% ~ 20%	地面、厕所与排泄物消毒
醇类	乙醇	70% ~ 75%	皮肤、体温表消毒

类 别	名 称	浓 度	用 途
酚类	苯酚	3%～5%	地面、器具表面的消毒
	来苏	2%	皮肤消毒
醛类	甲醛	10%	物品表面、空气消毒
	戊二醛	2%	精密仪器、内窥镜消毒
表面活性剂	新洁尔灭	0.05%～0.1%	皮肤黏膜、器械消毒
	度米芬	0.05%～0.1%	皮肤创伤冲洗、金属器械、塑料、橡皮类消毒
染料	甲紫	2%～4%	浅表创伤消毒
酸碱类	醋酸	加等量水蒸发	空气消毒
	食醋	2%熏蒸	消毒空气
	生石灰	加水1:4或1:8配成糊状	排泄物及地面消毒

不同的化学消毒剂其作用原理也不完全相同，大致归纳为3个方面。一种化学消毒剂对细菌的影响常以其中一方面为主，兼有其他方面的作用。

（1）改变细胞膜通透性。表面活性剂（surface-active agent）、酚类及醇类可导致胞浆膜结构紊乱并干扰其正常功能，使小分子代谢物质溢出胞外，影响细胞传递活性和能量代谢，甚至引起细胞破裂。

（2）蛋白变性或凝固酸、碱和醇类等有机溶剂可改变蛋白构型而扰乱多肽链的折叠方式，造成蛋白变性，如乙醇、大多数重金属盐、氧化剂、醛类、染料、酸碱等。

（3）改变蛋白与核酸功能基团的因子作用于细菌胞内酶的功能基（如SH基）而改变或抑制其活性，

高锰酸钾

如某些氧化剂和重金属盐类能与细菌的 SH 基结合并使之失去活性。

消毒灭菌效果受细菌种类、消毒剂及环境等种因素影响。主要体现在：

（1）消毒剂的性质、浓度与作用时间。①各种消毒剂的理化性质不同，对微生物的作用大小也差异。例如表面活性剂对革兰阳性菌的灭菌效果比对革兰阴性菌好，甲紫对葡萄球菌的效果特别强。②同一种消毒剂的浓度不同，其消毒效果也不一样。大多数消毒剂在高浓度时起杀菌作用，低浓度时则只有抑菌作用。③在一定浓度下，消毒剂对某种细菌的作用时间越长，其效果也越强。④若温度升高，则化学物质的活化分子增多，分子运动速度增加使化学反应加速，消毒所需的时间可以缩短。

（2）微生物的污染程度。微生物污染程度越严重，消毒就越困难，因为微生物彼此重叠，加强了机械保护作用。所以在处理污染严重的物品时，必须加大消毒剂浓度，或延长消毒作用的时间。

（3）微生物的种类和生活状态不同的细菌对消毒剂的抵抗力不同，细菌芽孢的抵抗力最强，幼龄菌比老龄菌敏感。

（4）环境因素。当细菌和有机物（特别是蛋白质）混在一起时，某些消毒剂的杀菌效果可受到明显影响。因此在消毒皮肤及器械前，应先清洁再消毒。

（5）温度、湿度、酸碱度。消毒速度一般随温度的升高而加快，所以温度越高消毒效果越好。湿度对许多气体消毒剂有影响。酸碱度的变化可影响剂杀灭微生物的作用。例如，季铵盐类化合物的戊二醛药物在碱性环境中杀灭微生物效果较好；酚类和次氯酸盐药剂则在酸性条件下杀灭微生物的作用较强。

（6）化学拮抗物。阴离子表面活性剂可降低季铵盐类和洗比泰的消毒作用，因此不能将新洁尔灭等消毒剂与肥皂、阴离子洗涤剂合用。次氯酸盐和过氧乙酸会被硫代硫酸钠中和，金属离子的存在对消毒效果也有一定影响，可降低或增加消毒作用。

防腐剂是指用于防腐的药物。生物制剂（如疫苗、类毒素、抗毒素等）中常加入防腐剂，以防止杂菌生长。常用防腐剂有 0.5% 苯酚、0.01% 硫柳汞和 0.1% ~ 0.2% 甲醛等。

化学治疗剂指的是用于治疗由微生物或寄生虫所引起疾病的化学药物。化学治疗剂具有选择性毒性作用，能在体内抑制微生物的生长繁殖或使其死亡，对人体细胞一般毒性较小，可以口服、注射。化学治疗剂的种类很多，常用的有磺胺类、呋喃类、异烟肼等。

噬菌体

噬菌体，是感染细菌、真菌、放线菌或螺旋体等微生物的细菌病毒的总称，作为病毒的一种，噬菌体具有病毒特有的一些特性：个体微小；不具有完整细胞结构；只含有单一核酸。噬菌体基因组含有许多个基因，但所有已知的噬菌体都是在细菌细胞中利用细菌的核糖体、蛋白质合成时所需的各种因子、各种氨基酸和能量产生系统来实现其自身的生长和增殖。一旦离开了宿主细胞，噬菌体既不能生长，也不能复制。

艰难的征途

JIANNAN DE ZHENGTU

抗菌素发现之前，人类对感染病菌而引起的疾病，往往束手无策，眼巴巴地望着病人死去。例如肺结核，在19世纪至20世纪初，是一种不治之症，被称为"白色瘟疫"；肺炎球菌引起的肺炎，死亡率达85%；霍乱、脑膜炎等等，不知夺去了多少人的生命。运用抗菌素，首先是青霉素，接着不断地发现新的抗生素。现在它们的数量达100多种，在人对细菌的战争中，人处于胜利者的地位。如结核菌、细菌性肺炎、败血症、梅毒和其他细菌性传染病基本上被征服了。

但是，世界卫生组织1996年发表的报告说，传染病仍然是人类第一杀手。1995年，全世界有5200万人死去，其中1700万人死于各种传染病，其中多数是婴幼儿，全世界57亿人口中约有半数受到传染病的威胁。这是怎么回事呢？这同人类用化学杀虫剂除虫一样，当人们服用抗生素杀灭有害细菌时，连带把那些有益细菌也杀死了，从而降低了人体的抗病能力；更严重的是，现在每一种致病细菌都有好几种变体。新的抗生素药物的研制，跟不上新细菌突变体的出现；而且，大多数细菌对抗生素产生了抗药性。这样，在人们与细菌的战争中，又从优势转变为劣势，神奇的抗生素正在失去疗效。

在人与细菌的竞争中，在对致病细菌的战争中，我们做不到消灭传染疾病细菌或病毒，但要努力控制对人的危害，在不断的前进和后退中寻求一种平衡，通过各种途径，保护人体健康。

征服炭疽杆菌之旅

恐怖的炭疽杆菌

炭疽一词来源于希腊语，本意是煤炭，炭是黑色，疽是坏死，即黑色坏死的意思。

炭疽是一种古老的人兽共患传染病。由于其危害严重，古人把炭疽看作是一种不可抗拒的"天灾"。炭疽杆菌为病原菌，属于需氧芽孢杆菌属，革兰染色阳性。

炭疽杆菌菌体粗大，为（110 ~ 115）微米 ×（3 ~ 5）微米，两端平截或凹陷，排列像竹节的形状，没有鞭毛，所以没法自由移动。

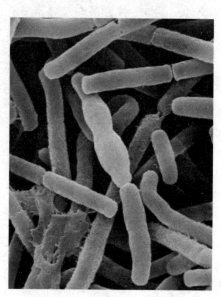

在氧气充足，温度 25 ~ 30℃ 的条件下，炭疽杆菌容易形成芽孢。芽孢呈椭圆形，位于菌体中央，其宽度小于菌体的宽度。炭疽杆菌芽孢具有很强的生命力，在自然环境中可存活几十年。

炭疽杆菌

但是，在活体或未经解剖的尸体内，炭疽杆菌则不能形成芽孢。芽孢进入生物体内迅速繁衍形成荚膜并释放生物毒素。形成荚膜是生成毒性的特征。炭疽毒素在生物体内通过附着在细胞之外的受体蛋白为"桥梁"攻击体细胞，导致细胞破裂，破坏体内的免疫系统，同时诱发肺水肿、肺积水等严重的并发症。

在大自然中，炭疽杆菌以芽孢的形态存在于土壤、动物粪便和空气中。特别是潮湿低洼地区、牧区，更是炭疽杆菌芽孢藏身和繁衍的最佳场所。引

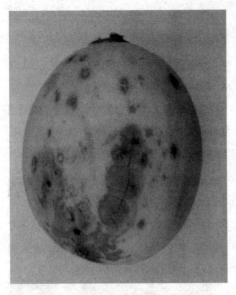

感染炭疽病的甜瓜

发的疾病主要发生在野生或家畜等动物身上。例如牛、骆驼、羊、羚羊、黄羊等食草动物。人类直接感染的概率极低，人类必须是直接接触这种病菌。

人类主要通过工农业生产而感染。炭疽杆菌从损伤的皮肤、胃肠黏膜及呼吸道进入人体后，首先在局部繁殖，产生毒素而致组织及脏器发生出血性浸润、坏死和高度水肿，形成原发性皮肤炭疽、肠炭疽、肺炭疽等。当机体抵抗力降低时，致病菌即迅速沿淋巴管及血管向全身扩散，继发形成炭疽性败血症和炭疽性脑膜炎。

皮肤炭疽因缺血及毒素的作用，真皮的神经纤维发生变化，所以病灶处常无明显的疼痛感。炭疽杆菌的毒素可直接损伤血管的内皮细胞，使血管壁的通透性增加，导致有效血容量减少，微循环灌注量下降，血液呈高凝状态，甚至会出现休克状态。

皮肤炭疽呈痈样病灶，皮肤上可见界限分明的红色浸润，中央隆起呈炭样黑色痂皮，四周为凝固性坏死区。镜检可见上皮组织呈急性浆液性出血性炎症，间质水肿显著，组织结构离解，坏死区及病灶深处均可找到炭疽杆菌。

皮肤炭疽病变多见于面、颈、肩、手、脚等裸露部位皮肤。最初为斑疹或丘疹，次日出现水疱，内含淡黄色液体，周围组织硬而肿

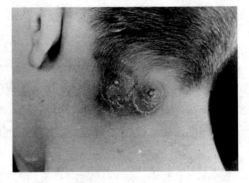

出现在颈部的炭疽病变

胀。第 3 ~ 4 日中心呈现出血性坏死稍下陷，四周有成群小水泡，水肿区继续扩大。第 5 ~ 7 日坏死区溃破成浅溃疡，血样渗出物结成硬而黑似炭块状焦痂，痂下有肉芽组织生成（即炭疽痈）。焦痂坏死区直径大小不等，其周围皮肤浸润及水肿范围较大。由于局部末梢神经受压而疼痛不著，稍有痒感，无脓肿形成，这是炭疽的特点。以后随水肿消退，黑痂在 1 ~ 2 周内脱落，逐渐愈合成疤。起病时出现发热（38 ~ 39℃）头痛、关节痛、周身不适、局部淋巴结和脾肿大等。

少数病例局部无黑痂形成而呈大块状水肿（即恶性水肿），其扩展迅速，可致大片坏死，多见于眼睑、颈、大腿、手等组织疏松处。全身症状严重，若贻误治疗，后果严重。

肠炭疽病变主要在小肠。肠壁呈局限性痈样病灶及弥漫出血性浸润。病变周围肠壁有高度水肿及出血，肠系膜淋巴结肿大，腹膜也有出血性渗出，腹腔内有浆液性含血的渗出液，内有大量致病菌。

肠炭疽可表现为急性肠炎型或急腹症型。急性肠炎型潜伏期 12 ~ 18 小时。同食者相继发病，似食物中毒。症状轻重不一，发病时突然恶心呕吐、腹痛、腹泻。急腹症型患者全身中毒症状严重，持续性呕吐及腹泻，排血水样便，腹胀、腹痛，有压痛或呈腹膜炎征象，常并发败血症和感染性休克。如果不及时治疗常可导致死亡。

肺炭疽呈出血性气管炎、支气管炎、小叶性肺炎或梗死区。支气管及纵隔淋巴结肿大，均呈出血性浸润，胸膜与心包亦可受累。

肺炭疽多为原发性，也可继发于皮肤炭疽。可急性起病，轻者有胸闷、胸痛、全身不适、发热、咳嗽、咯黏液痰带血。重者以寒战、高热起病，由于纵隔淋巴结肿大、出血并压迫支气管造成呼吸窘迫、气急喘鸣、咳嗽、紫绀、血样痰等。肺部仅可闻及散在的细小湿啰音或有胸膜炎体征。肺部体征与病情常不相符。X 线见纵隔增宽、胸水及肺部炎症。

炭疽性脑膜炎的软脑膜及脑实质均极度充血、出血及坏死。大脑、脑桥和延髓等组织切面均见显著水肿及充血。蛛网膜下腔有炎性细胞浸润和大量菌体。

炭疽性脑膜炎多为继发性。起病急骤，有剧烈头痛、呕吐、昏迷、抽搐，明显脑膜刺激症状，脑脊液多呈血性，少数为黄色，压力增高，细胞数增多。病情发展迅猛，常因误诊得不到及时治疗而死亡。

炭疽杆菌败血症患者，全身各组织及脏器均为广泛性出血性浸润、水肿及坏死，并有肝、肾浊肿和脾肿大。

科赫和夫人

在19世纪以前，当成群的绵羊和奶牛因为染上炭疽病而纷纷死去的时候，人们并不知道这是一种细菌在作怪，而是将其归于"天灾"。这时候，一个人出现了，他把细菌的神秘面纱揭开，使人们对炭疽病有了科学的认识。这个人就是德国微生物学家罗伯特·科赫。

当时，炭疽病是一种使全欧洲的农民都胆战心惊的怪病。拥有上千只羊的富人会在几天中倾家荡产；白天还快活奔跑的肥羊到晚上就不吃食了，第二天早晨已冰冷僵硬，它们的血液黑得吓人；接着，农民、牧羊人、剪羊毛的人、羊皮商人也会染上这怪病，他们的身上长出了疮疖，或患上了急性肺炎，直到咽下最后一口气。

科赫白天为乡村中的农民看病，晚上的时间则摆弄着这架新的显微镜。他学习着用反光镜使适量的光线射入透镜；他把薄薄的玻璃片洗得干净发亮；他把死于炭疽病的牛羊尸体的血液滴在这些玻璃片上。

他在显微镜中看到了一些形如小杆的怪物。有时候这些"杆子"是短短的，或许仅有几条，在血液中漂流着，微微颤动；有时候这些"杆子"又粘在一起，连成一条细细的长线。

这就是炭疽病的元凶吗？它们是活的吗？用什么方法能证实这些呢？科赫开始全神贯注起来了，他发疯般地关心起炭疽病牛、病羊和病人。

"我没有钱买牛羊供我做实验，但可选老鼠作为实验动物。"科赫想。

科赫找了一些细薄的木片，仔细洗干净，放到烘炉中加热，这样可杀死沾在上面的一些其他微生物。然后把这些木片浸到患炭疽病羊的血中，这些血中充满了一些神秘的不活动的线和杆。

下一步可是极为关键的，科赫用刀在老鼠尾巴上开了个小口，将浸过羊血的木片插进了伤口。

第二天，这只老鼠死了。肚皮朝天，直僵僵地躺着，本来滑润的毛倒竖了。科赫把这只可怜的老鼠缚在木板上，切开了它的肝和眼，看遍了尸体内部每一个角落。让科赫惊奇的是，老鼠体内同样有着又黑又大的脾脏。从脾脏内取下一滴发黑的黏液放在显微镜下，科赫又一次看到了那些熟悉的线和杆。

科赫心花怒放。"这些线一定是活的。我插进老鼠尾巴里的木片上沾有一滴血，这滴血仅有几百只这种'杆子'，而老鼠患病到死亡24小时内，它们繁殖到了几亿只……"

"有什么办法能看到那些'杆子'长成了线？"科赫苦苦思索着，"我若能钻到一只活老鼠体内去看看那该多好！"钻到老鼠体内是不现实的想法，但创造一种环境使这些"杆子"在里面生长倒是可以尝试的事情。

科赫取出一点死老鼠的脾脏，放到一小滴牛眼睛的水样液里。科赫想：这些东西应该是杆菌的好食品，若能提供与老鼠体温相同的温度则更理想了。他做了一个简陋的培养箱，用油灯慢慢地加热。

为了不让其他微生物混进来，科赫不断改进着他的实验方法。他将悬滴液移到显微镜的透镜下面，静看其中的变化。从显微镜下的灰色视野圈中，他看到了一些老鼠脾脏的碎屑，其间有一些极细的杆子在漂浮着。等了好长时间，科赫终于看到了可怕的一幕。

漂浮着的小杆繁殖起来了。一只的成了两只，且在不断增多，杆成了线，无数根蜿蜒不尽的线，纠缠成了理不清的无色线团。这是有生命的线团，是暗暗杀死人和动物的线团。只要有少数杆菌进入人或动物的体内，就会繁殖成几百万个线团，挤满血管，挤满肺，挤满脑。

科赫的发现意义非常重大。他第一个真正确定了某一种微生物引起某一种疾病，确定了不起眼的小杆菌是可以暗杀动物的凶手。

在以后一系列的实验中，科赫发现这类杆菌可以形成小珠子样的芽孢，这些芽孢可生存几个月，但只要一放进新鲜的牛眼水样液中，或者抹在细木片上插入老鼠尾巴的根部，这些小珠子就很快变为致命的杆菌。

1876年，34岁的科赫穿上了最好的西装，戴着金丝边眼镜，小心地包装好他那宝贵的显微镜和几滴悬液，里面布满了致命的炭疽杆菌。此外，他没忘记带上一只铁笼子，里面有着几十只蹦蹦跳跳健康的白老鼠。他离开了僻居乡野，乘车去布雷斯劳。在那儿，他将展示他的炭疽微生物，他将向一些最著名的医学家们演示这些微生物是怎样杀害老鼠的。

科赫不善于辞令，他用三天三夜的时间将这几年的研究结果作了汇报。欧洲最高明的科学家瞠目结舌地看着他的芽孢、杆菌和显微镜。很快，全世界的科学家都为此而激动不已。

科赫向全世界宣告消灭此病的方法：所有死于炭疽病的动物，必须在死后立即烧掉，若不烧掉，就应该深埋到地下，那里土的温度低，杆菌不能变为顽强长寿的芽孢。科赫给了人们一把宝剑，教会人们怎样与致命微生物斗争，与潜伏的死亡作战。

炭疽疫苗

继科赫之后，法国微生物学家、化学家，近代微生物学的奠基人巴斯德在征服炭疽杆菌的路上走了更远的一步。

1854年9月，32岁的他被任命为里尔理工大学教授兼院长。机遇偏爱有准备的头脑。里尔是酒精工业发达的地方，制作酒精的一道重要工序便是发酵，这对于巴斯德的新研究太有帮助了。正是在这里，巴斯德第一次闯入了奥秘无穷的微生物世界。

里尔的一家酒精制造厂在生产中

路易·巴斯德

遇到了困难，向巴斯德请求研究发酵的过程。他每天都要花很长时间去工厂，把各种用于制造酒精的甜菜根汁和发酵中的液体带回实验室，放在显微镜下观察。经过反复实验，他发现，发酵时所产生的酒精和二氧化碳都是酵母使糖分解得来的，而且这个过程在没有氧的条件下也能发生。因此，他确定发酵就是酵母的无氧呼吸过程，是酵母生命活动的结果。因此，选择适当的酵母并控制它们的生活条件，便是酿酒的关键。自此，神秘的发酵原理被化学家巴斯德揭示了，也正是由此开始，巴斯德成了一名杰出的伟大的生物学家和微生物学的奠基人。

发明了一个简单有效的方法：只要把酒放在 50～60℃ 的环境中，保持半个小时，便能杀死里面的乳酸杆菌。这就是沿用至今的著名的"巴氏消毒法"。我们现在喝的消毒牛奶就是用这种方法消毒的。

在征服炭疽病的道路上，巴斯德也做出了突出的贡献。

当时在法国的许多牧场，绵羊得了一种病，死亡率几近

巴斯德发明了一个简单有效的消毒方法

一半，损失惨重。人们把一些草地称为"瘟场"、"瘟山"，因为羊群经过那里，仅仅几小时后，就一批批四肢颤抖着倒下去，连牧羊人都没看清它们是怎么死的。死尸立刻膨胀起来，稍微撕开一点皮，就有发黑的黏血流出来，所以人们称之为炭疽病。

1878 年，巴斯德受法国农业部的委托，正式开始了防治炭疽病的研究。经过实验他发现，炭疽病的病原体是一种杆状细菌——炭疽杆菌。他和助手到农场仔细观察绵羊染病死亡的过程。他们在草地上撒下大量的杆菌培养液，奇怪的是，这里的羊并不得病死亡；而那些在"瘟场"、"瘟山"吃过草的羊，却死得特别多。巴斯德非常精明，他在撒下含杆菌培养液的同时，让羊吃些带芒刺的植物，使羊的口舌受微伤，杆菌从伤口进入血液，羊就染病死

巴斯德努力研制炭疽疫苗

亡。那些"瘟场"、"瘟山"正是长着带芒刺的植物，才使绵羊吃草后染病死亡的。于是巴斯德告诫人们：把病羊尸体埋在干燥的砂石质的深土中，那里是不长草的，同时要注意不使羊吃到带芒刺的草，这样，羊就可以幸免于难。

巴斯德在发明了给鸡注射疫苗的方法来防止鸡得霍乱病后，他又想，是不是也可以采用同样的方法来预防牲畜的炭疽病呢？巴斯德认为，问题的关键在于必须制造出毒性减弱的炭疽病疫苗。

用延长存放时间的方法是不行的，因为炭疽杆菌不怕氧气，否则便不会有什么"瘟场"、"瘟山"了。巴斯德想起，他曾经将炭疽杆菌的培养液注入母鸡的体内，而母鸡却出乎意料地没得炭疽病。经过再三思索，他认为，可能是因为母鸡的体温要比绵羊等畜类高好几度，所以它能抑制炭疽杆菌。果然，将注射过菌液的母鸡浸在冷水里，它就抵抗不住，也得炭疽病了。

巴斯德就用适当温度培养菌液的方法，成功地制得了炭疽病的疫苗。再依次把毒性由弱到强的疫苗给绵羊注射，绵羊就再也不会得炭疽病了。经过试验，这种方法也同样可以用于牛。

实验的成功使人们非常钦佩巴斯德，人们把做实验的农场改名为"巴斯德农场"，以表达对这位科学家的敬意和感激。法兰西第三共和国政府要授予巴斯德勋章，他提出

巴斯德研究所

希望将勋章一同授予不辞辛苦帮助他实验的青年助手。当他们同时得到政府的授勋时，激动得相互拥抱起来。

1882 年，法国有 60 多万只羊和 8 万多头牛注射了他发明的疫苗。法国在农牧业连同养蚕业、制酒业中得到了很大利益，正如英国著名博物学家赫胥黎所说的："1870 年普法战争使法国赔偿了 50 亿法郎的巨款，但是巴斯德一个人的发明就足够抵偿这个损失了。"

巴斯德的巨大成功使法国人民欣喜若狂，人们筹集资金建立了巴斯德研究所。直到今天，研究所还以其雄厚的科研力量和卓越的科研成果，在世界微生物学领域占据着领先地位，每天，这里都要接待数以百计的各国访问者，这也是对巴斯德这位为人类征服微生物而奋斗了一生的伟大科学家的最好纪念。

征服炭疽杆菌的脚步

炭疽杆菌是人类历史上第一个被发现的病原菌，在继巴斯德之后，人类在征服这种细菌的道路上又不断前进着。

1955 年，史密斯和他的同事通过过滤炭疽杆菌感染的豚鼠的血清，首次证明了炭疽毒素的存在。

1993 年，法迪恩首次描述了炭疽杆菌的荚膜。

2003 年，炭疽杆菌的全基因组序列向全世界发布，意味着炭疽杆菌的研究进入了一个新的发展阶段。

而在防治炭疽病上，人类也取得了巨大的成就。

人们认识到，预防人类炭疽首先应防止家畜炭疽的发生。家畜炭疽感染消灭后，人类的传染源也随之消灭。对炭疽疫区的常发地人群、密切接触牲畜人员及可能受到炭疽生物武器攻击的军事和有关人员实施疫苗接种。疫苗主要有下面几种：

兽用菌苗

（1）高温减毒株。由于其残余毒力较强，而效力也有限，且有荚膜，菌苗接种反应不易与自然感染区别，所以现在已经基本停用。

（2）无荚膜减毒株。其免疫原性较好，接种后2周可完全中止畜间炭疽的暴发流行。至今世界上几乎都采用在20世纪30年代研制的这种兽用菌苗，每年接种1次，可控制畜间炭疽传播。

人用菌苗

1943年，苏联首先研制出人用炭疽菌苗。1954年生产出CTN-1株，这种活疫苗与无荚膜减毒株很相近，每年接种1次，对可能接触炭疽杆菌的有关职业人员可降低感染率。

目前我国使用的炭疽活疫菌，作皮上划痕接种，免疫力可维护半年至1年。而青霉素是治疗炭疽的首选药物，对肠道及吸入性炭疽治疗困难，有条件的可用抗血清。

另外，人类在积极防治炭疽病的时候，也逐步开始利用炭疽杆菌来为人类服务。

比如，在治疗威胁人类生命的疾病之一——癌症上，科学家和医学家们总是不断探索，希望能找到一种有效的方法能彻底根治它。而不久前，从美国马里兰州全国卫生机构传来一个惊人的消息，那里的研究人员正在实验着将炭疽杆菌毒素通过基因工程技术进行重新组合，从而改变炭疽杆菌毒素的成分使之对人体健康无害，并在对付某些癌细胞上显示出潜在的价值。

这个机构的研究人员使用的实验工具是模拟肿瘤生长状态的老鼠，通过在老鼠身上注射这种经过改良的炭疽杆菌毒素后发现，它能够在一定程度上限制老鼠肿瘤所获得的血流量，抑制肿瘤的生长。此外在研究中，他们还发现经过改良的炭疽杆菌毒素，能够直接摧毁某些肿瘤细胞的瘤体本身，其中最容易受到炭疽杆菌毒素影响的是黑色毒瘤，比如结肠肿瘤、乳腺癌等。

但是由于炭疽杆菌具有相当大的危险性，稍有不慎将有可能导致一些难以想象的后果。因此科学家也同时指出，使用炭疽杆菌治疗癌症的实验必须在动物身上经过几年严格实验之后才能用在人体的临床实验中。

不过，我们可以肯定，人类彻底征服炭疽杆菌并利用其为人类造福的时刻早晚会到来。

病　变

机体细胞、组织、器官在致病因素作用下发生的局部或全身异常变化，称为病变。

征服鼠疫之旅

鼠疫活动

鼠疫杆菌属于叶尔辛菌属，是引起烈性传染病鼠疫的病原菌。鼠疫杆菌为短小的革兰阳性球杆菌，新分离株以美兰或姬姆萨染色，显示两端浓染，有荚膜。在病灶标本中及初代培养时，呈卵圆形。在液体培养基中生长呈短链排列。

鼠疫杆菌为需氧及兼性厌氧菌，最适温度为 27～28℃，初次分离需在培养基中加入动物血液、亚硫酸钠等以促进生长，在血平板上，28℃培养 48 小时后，长成不透明、中央隆起、不溶血、边缘呈花边样的菌落，这种菌落形态为本菌的特征。在液体培养基中 24 小时孵育逐渐形成絮状沉淀，48 小时在液表面

彼得拉克

形成薄菌膜，从菌膜向管底生长出垂状菌丝，呈钟乳石状。

鼠疫杆菌对外界有很强的抵抗力，在寒冷、潮湿的条件下，不容易死亡，在 -30℃仍旧可以存活。可耐直射日光 1～4 小时，在干燥咯痰和蚤粪中存活数周，在冻尸中能存活 4～5 个月。

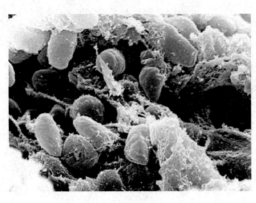

鼠疫杆菌

鼠疫杆菌侵入皮肤后，靠荚膜、V/W 抗原吞噬细胞，先有局部繁殖，随后又靠透明质酸、溶纤维素等作用，迅速经有淋巴管至局部淋巴结繁殖，引起原发性淋巴结炎（腺鼠疫）。淋巴结里大量繁殖的病菌及毒素入血，引起全身感染、败血症和严重中毒症状。脾、肝、肺、中枢神经系统等均可受累。病菌波及肺部，发生继发性肺鼠疫。病菌如直接经呼吸道吸入，则病菌先在局部淋巴组织繁殖，继而波及肺部，引起原发性肺鼠疫。

在原发性肺鼠疫基础上，病菌侵入血流，又形成败血症，称继发性败血型鼠疫。少数感染极严重者，病菌迅速直接入血，并在其中繁殖，称原发性败血型鼠疫，病死率极高。

鼠疫基本病变是血管和淋巴管内皮细胞损害及急性出血性、坏死性病变。淋巴结肿常与周围组织融合，形成大小肿块，呈暗红或灰黄色；脾、骨髓有广泛出血；皮肤黏膜有出血点，浆膜腔发生血性积液；心、肝、肾可见出血性炎症。肺鼠疫呈支气管或大叶性肺炎，支气管及肺泡有出血性浆液性渗出以及散在细菌栓塞引起的坏死性结节。

鼠疫的潜伏期一般为 2~5 日。腺鼠疫或败血型鼠疫 2~7 天；原发性肺鼠疫 1~3 天，甚至短仅数小时；曾预防接种者，可长至 12 天。

鼠疫临床上有腺型、肺型、败血型、轻型等 4 型。除轻型外，各型初期的全身中毒症状大致相同。

腺鼠疫占 85%~90%。感染腺鼠疫后，除出现全身中毒症状外，最显著的特征是出现急性淋巴结炎症状。因下肢被蚤咬机会较多，所以腹股沟淋巴结炎最多见，约占 70%；其次为腋下、颈及颌下。也可几个部位淋巴结同时感染炎症。局部淋巴结起病就是肿痛，病后第 2~3 天症状迅速加剧，红、肿、热、痛并与周围组织粘连成块，剧烈触痛，病人处于强迫体位。4~5 日后淋巴结化脓溃破，病情随之缓解。部分可发展成败血症、严重毒血症及心力衰竭或肺鼠疫而死。

肺鼠疫是最严重的一型，病死率非常高。肺鼠疫的起病非常急，发展迅速，除严重中毒症状外，在起病 24～36 小时内出现剧烈胸痛、咳嗽、咯大量泡沫血痰或鲜红色痰；呼吸急促，并迅速呈现呼吸困难；

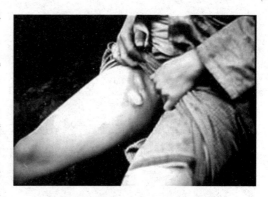

鼠疫症状：淋巴结肿与周围组织融合，形成大小肿块

肺部可出现胸膜摩擦音；胸部 X 线呈支气管炎表现，与病情严重程度极不一致。如抢救不及时，多于 2～3 日内，因心力衰竭、出血而死亡。

败血型鼠疫又称暴发型鼠疫。这种鼠疫可原发也可继发。原发型鼠疫因免疫功能差，菌量多，毒力强，所以发展极速。常常会突然高热或体温不升，神志不清、说胡话甚至昏迷不醒。淋巴结并不肿大。皮肤黏膜出血、呕吐、便血和心力衰竭，多在发病后 24 小时内死亡，很少能够超过 3 天。病死率高达 100％。因皮肤广泛出血、淤斑、紫绀、坏死，故死后尸体呈紫黑色，俗称"黑死病"。

继发性败血型鼠疫，可由肺鼠疫、腺鼠疫发展而来，症状轻重不一。

轻型鼠疫又称小鼠疫，发热轻，患者可照常工作，局部淋巴结肿大，轻度压痛，偶尔出现化脓的现象。血培养可阳性。多见于流行初、末期或预防接种者。

除这些外，鼠疫还有其他一些类型，但都比较少见。比如有的出现全身性脓疱，类似天花，因此有天花样鼠疫之称；有的病菌侵入眼结膜，导致化脓性结膜炎等。

鼠疫具有很强的传染性和流行性。从有记载的史料来看，鼠疫在地球上较大的流行有 3 次。

亚历山大·叶尔辛的功绩

在第三次的鼠疫大流行中，出现了一位杰出的抗鼠疫英雄——亚历山大·叶尔辛，他不仅发现了鼠疫杆菌，还发明了鼠疫疫苗，为人类做出了杰出的贡献。

在洛桑完成中学教育后，叶尔辛进入了当地的一所大学就读。不久之后，在一位公共卫生医师，也是他家庭的长期朋友的鼓励之下，20 岁的叶尔辛于 1883 年申请进入德国的马堡大学习医。之后又转到巴黎医科学院，并在此获得医学学位。

在叶尔辛在巴黎求学的时候，一天，他在解剖一具狂犬病人的尸体时，不小心割伤了手指，他立刻赶赴巴斯德研究所向依密·鲁克斯（著名微生物学家，曾担任巴斯德研究所所长）求助。鲁克斯替他注射了刚开发出来的治疗用狂犬病血清，而保住了性命。

通过这个事件，叶尔辛与鲁克斯相识了，并因此展开他们一生密切合作的关系。鲁克斯非常欣赏叶尔辛的才华，同时也想借助他在临床医学上的经验，因此在 1888 年雇用叶尔辛为实验室助手，协助他研究狂犬病。

为了学习更多的微生物学实验技术，叶尔辛还特地到德国柏林，跟随德国微生物学大师科赫学习并研究结核病的病原细菌。

1889 年，叶尔辛回到巴黎，与鲁克斯共同准备一门微生物学课程，作为在巴斯德研究所开课之用。而叶尔辛也有了自己的实验室，他首先与鲁克斯合作研究白喉菌的毒素，他的研究精神与成果也受到大家的赞许。

1894 年，叶尔辛加入殖民地健康事务团成为一位医务官员，研究当时从中国逐渐向外扩散的鼠疫。当时，中国香港爆发了一场鼠疫，叶尔辛于是动身前往香港，以便能直接研究鼠疫的病原细菌，以及如何来预防这个疫病。

数年之后，叶尔辛分离出来的黑死病细菌被用来生产鼠疫疫苗，而 1896 年生产出来的抗鼠疫血清亦正式提供世人第一剂的黑死病解方。叶尔辛将他所分离出的鼠疫病原菌命名为"巴氏鼠疫杆菌"（1970 年之后，此细菌已被微生物学界人士改名为"叶尔辛鼠疫杆菌"，用来表彰他在鼠疫研究上的贡献）。

1904 年，叶尔辛被巴黎的巴斯德研究所召回，此时鲁克斯已经升任该所的所长了。他与同僚艾伯特·卡密特及阿米迪·波瑞尔共同研究他之前送回的鼠疫菌，他们得到一项重大的发现：那便是以杀死后的鼠疫菌注射到实验动物身上，可以诱导若干动物产生免疫力。不久之后，叶尔辛又回到他深爱的越南芽庄，担任芽庄巴斯德研究所的所长，并亲自指导该所的研究工作。他成功地生产出一种抗鼠疫血清，用来治疗鼠疫病人，可以将死亡率从 90% 降低到 7%。

在抗击鼠疫上作出重大贡献的叶尔辛

卡密特是法国著名的微生物学家，在 1891—1893 年曾在越南的西贡市设立了西贡巴斯德研究所，并担任所长，这个研究所是巴斯德研究所在海外设立的第一个分支研究所。卡密特在 1921 年与介伦共同研发出举世闻名的卡介苗（结核病疫苗）。

伍连德——我国的抗鼠疫英雄

当第三次鼠疫爆发的时候，在我国东北，也出现了一位像叶尔辛那样品德高尚，且在抗击鼠疫上做出杰出贡献的人——伍连德。

伍连德，我国卫生防疫、检疫事业、微生物学、流行病学、医学教育和医学史等领域的先驱。1910 年末，东北肺鼠疫大流行，他出任全权总医官，于 4 个月内彻底消灭鼠疫，因此他主持召开了万国鼠疫研究会议。此后多次成功主持鼠疫、霍乱的大规模防疫。在他竭力提倡和推动下，我国收回了海港检疫的主权。他先后兴办检疫所、医院、研究所、学校 20 余所。发起建立中华医学会等十余个学会，并创刊《中华医学杂志》。

我国的抗鼠疫英雄——伍连德

1879 年 3 月 10 日，伍连德出生在南洋槟榔屿。其舅父为北洋水师名将林国祥，亲人中数人在甲午战争中殉国。1886 年获女王奖学金留学剑桥，7 年后以第一名的成绩获医学博士学位后回乡开业，娶福建著名侨领黄乃裳次女黄淑琼为妻。1907 年受袁世凯聘请，回国出任陆军军医学堂帮办，此后为国服务 30 年，1937 年抗战爆发后举家返乡。

从 19 世纪中叶开始，人类历史上第三次鼠疫大流行，从安徽、云南、孟买、旧金山，到土耳其、日本，然后汇聚于我国的东北，于 1910 年底石破天惊地爆发。

我国东北的鼠疫首先在海拉尔出现，渐次向齐齐哈尔、哈尔滨等处蔓延，仅人口不足 2 万的哈尔滨一带就死亡 5272 人。1911 年 1—2 月间，鼠疫蔓延到吉林省敦化、额木、延吉一带，仅延吉县境内死亡者就达 323 名之多。

运尸队搬运鼠疫死者的尸体

疫病越过吉林，很快传播至辽宁省，席卷了该省数十州县。患病较重者，往往全家毙命，当时采取的办法是将其房屋估价焚烧，去执行任务的员役兵警也死亡相继，数月间就死亡了六七千人。据东三省督抚锡良奏陈疫情电文所述，此次鼠疫蔓延所及达66处，死亡人口4万余人。另据资料说，这次东北鼠疫大流行死亡总人数约为6万人。

曹廷杰在《防疫刍言及例言序》中记载："宣统二年，岁次庚戌九月下旬，黑龙江省西北满洲里地方发现疫症，病毙人口。旋由铁道线及哈尔滨、长春、奉天等处，侵入直隶、山东各界，旁及江省之呼兰、海伦、绥化，吉省之新城、农安、双城、宾州、阿城、长春、五常、榆树、磐石、吉林各府厅州县。报章所登东三省疫毙人数，自去岁九月至今年二月底止，约计报知及隐匿者已达五六万口之谱。"

东北鼠疫大流行期间，其流行区域并非局限在关外，曾有逐渐向关内各地蔓延之势，涉及直隶、热河、山东、河南、安徽、湖北、湖南之地。京师地区于宣统二年（1910年）12月开始发现鼠疫。在外城三星客栈有奉天来京旅客王桂林及由天津来京学生于文蔚染疫，陆续传疫京师各地。清政府曾于山海关设立检验所，各海口也同时进行检疫，以图遏制鼠疫南下之势。京师地区虽然病死了一些人，但还没有发生大的疫情。

当时的东三省非常不平静，不仅俄国和日本相互争夺，英、法、美、德也纷纷染指。鼠疫流行后，俄、日以独自主持防疫为由，图谋东北主权，以至陈兵相向。其余列强不能坐视，迫使清廷全力以赴。而大厦将倾的清王朝所能倚仗的，是归国仅2年、连国语都很不流利的南洋华侨、陆军军医学堂

伍连德经过实验发现了鼠疫杆菌

帮办伍连德。

伍连德临危受命，他只带一名身兼助手和翻译的学生，火速赶到鼠疫流行的前线哈尔滨，发现实际情况比想象的还要严峻。朝廷在东北的力量十分薄弱，地方官员无所作为，当地根本没有现代医学人才，在哈尔滨各国领事和俄国铁路当局均采取不合作态度。伍连德除了要尽快查明瘟疫的病因，向朝廷提交控制方案以外，还要协调和俄、日等国的关系，指挥东三省防疫，以清朝的国力和国际地位，这几乎可以说是一项不可能完成的任务。

到达哈尔滨6天之内，伍连德冒着生命危险进行了中国第一例人体解剖，从鼠疫病人尸体的器官和血液中发现鼠疫杆菌，从而证明了鼠疫的流行。

可是没有想到，病因查明后，防疫前线的情况更糟。对于伍连德关于肺鼠疫这一新型鼠疫流行的判断，在场的俄、日、法等国专家都没有赞成。因为事关防疫措施，一旦失误后果不堪设想。就在伍连德力排众议固执己见之时，奉命来援的北洋医学堂首席教授法国人迈斯尼向总督、朝廷和驻华使团要求替代伍连德出任防疫总指挥。为顾全大局，伍连德只得提出辞职，而大鼠疫利用铁路交通的便利，从哈尔滨傅家甸源源不断地经长春、沈阳入关，向全国扩散。

参与防疫工作的俄国医生

后来，在施肇基斡旋之下，朝廷支持伍连德，免去迈斯尼防疫任务。并倾力增援，将平津直隶一带医学人才和医学生悉归伍连德麾下，总数不过50余人。恰在这时，迈斯尼私自看望鼠疫病人，患鼠疫身亡，引起举世震惊，伍连德的判断以这样一种方式——得到证实。他因此当仁不让地成为这场国际防疫行动的主帅。

从西伯利亚到上海，全按伍连德的防疫方案，全面隔离鼠疫病人和可疑患者，清王朝以倾国之力和鼠疫进行生死较量。在最关键的哈尔滨，伍连德率领由医护人员、中医、警察、军人和民工组成的防疫队伍，和鼠疫进行决战。每一天都有同事殉职，而每一天都有更多的人舍生忘死地冲了上去。但是隔离施行了将近1个月，鼠疫的流行趋势却越来越严重，日死亡人数持续创新高。几乎所有人的信心都动摇了，只有伍连德一个人不懈努力，用他的自信去感染整个团队，使大家在近乎绝望中坚持。1911年春节，他从朝廷请来圣旨，焚烧了几千具鼠疫死尸，成为第一次东北防疫的转折点。

靠着伍连德周密而科学的防疫方案，靠着防疫团队高达10%殉职率的血肉长城，一场数百年未见的鼠疫大流行，在不到4个月期间，被以中国人为主的防疫队伍彻底消灭了。这是人类历史上第一次成功的流行病防疫行动，伍连德的防疫方案也成为迄今为止对付突发传染病流行的最佳手段。

集中焚烧的死者尸体

东三省防疫成功，使防疫总指挥伍连德名扬四海，挟防疫之功出任在奉天举行的有12个国家专家参加的万国鼠疫研讨会主席，而日本著名学者北里柴三郎只能担任副主席。会议结束后，清王朝赏伍连德医科进士、陆军蓝翎军衔，于紫禁城受摄政王召见、获二等双龙勋章，奉天总督授金奖；沙皇政府封赐二等勋章，法国政府授予荣誉衔。朝廷任命伍连德为民政部卫生司司长，主持创建全国现代化卫生防疫系统。

但是，伍连德并没有在荣誉中陶醉，他敏锐地意识到大鼠疫还会卷土重来。他谢绝了民政部卫生司司长的高官厚禄，放弃了其擅长的医学研究，重返北满创建东北防疫总处，然后牢牢地守在北疆，等待鼠疫的再次来临。不曾想这一等就是整整 10 年，是伍连德生命中最美好的 10 年。

这 10 年，伍连德数次辞去国家卫生主管的高官，甘心做哈尔滨海关属下的一名小小的处长。这 10 年，他功绩辉煌：创建了中华医学会，作为国家特派员在上海主持焚烧鸦片，创建中央防疫处以及推动中国医学现代化。

1920 年底，大鼠疫果然卷土重来。伍连德 10 年磨剑，占尽了先机，成功地将其彻底控制和消灭在了我国东北。和 10 年前仅中国境内便死亡 6 万多人相比，第二次大鼠疫中死亡人数不足 1 万，而且哈尔滨以南几乎未受波及。更重要的是，由于防疫及时，鼠疫的隐患被消除，这一波大鼠疫流行到此终结。

第一次东北防疫后的 20 多年，伍连德作为中国首席医学专家，代表国家出席国际会议，出任国联卫生部技术官员，是中国现代医学的领军人物，同时也在国际上不遗余力地为中国呼吁和宣传，为国家招揽人才。除对现代医学贡献卓著外，伍连德还是近代对传统医学有突出贡献的人物。他和王吉民于 1932 年用英文出版《中国医学史》，第一次系统地向世界介绍中国医学，使中医从此走向世界。

征服鼠疫杆菌的曙光

在叶尔辛、伍连德之后，世界的医学技术不断发展。如今，相对于艾滋病等"主流"传染病而言，鼠疫渐渐成为了小角色。人类在征服鼠疫杆菌和鼠疫的征途中，又迈进了很大的一步，积累了丰富的经验。

桑格中心的科学家在一期英国《自然》杂志上报告说，他们从一位于 1992 年死于肺炎型鼠疫的人身上收集到一种称为"CO92"的鼠疫杆菌菌株，对之进行了测序。研究发现，这一菌株的染色体约包含 465 万个碱基对，其中约 3.7% 的序列是重复的，还有约 150 个已经不起作用的假基因，以及一些可能导致疾病的染色体片段。

鼠疫杆菌基因组特征表明，这种病菌在进化的过程中，曾经频繁地从其他微生物获取新的基因，本身的染色体片段也经常发生重组。这些过程可能是病菌迅速进化的关键。

链霉素化学式

这些科学家还认为，鼠疫杆菌是由一种生活在动物肠道、危害性相对较小的微生物——假结核叶尔辛菌进化来的，而且产生的历史只有几千年。可能正是通过从其他微生物窃取基因及自身染色体片段重组的过程，鼠疫杆菌在极短的时间里获得了在啮齿类哺乳动物和跳蚤之间转移的能力，并学会了在血液里生存。跳蚤将鼠疫杆菌传播给人类，引起肿胀、出血、咳嗽等症状，迅速导致死亡。

不过，这种说法还没有得到大众的认可，但它毕竟为彻底征服鼠疫杆菌点燃了希望之火。

在药物治疗鼠疫上，人类也取得了巨大的成就。

为鼠疫治疗立下头功的要数抗生素。链霉素自从 20 世纪 40 年代末被发现以来，它就一直被作为治疗首选药物。有统计表明，只要能做到及时就医，经链霉素治疗后，死亡率可由 50% ~90% 降低到 5% 以下。

➡➡ **知识点**

疫　苗

疫苗，指为了预防、控制传染病的发生、流行，用于人体预防接种的疫苗类预防性生物制品。生物制品，是指用微生物或其毒素、酶、人或动物的血清、细胞等制备的供预防、诊断和治疗用的制剂。预防接种用的生物制品包括疫苗、菌苗和类毒素。其中，由细菌制成的为菌苗；由病毒、立克次体、螺旋体制成的为疫苗，有时也统称为疫苗。

致命的痢疾杆菌

据传慈禧太后死于细菌性痢疾

痢疾，古称肠癖、滞下。为急性肠道传染病之一。临床以发热、腹痛、里急后重、大便脓血为主要症状。若感染疫毒，发病急剧，伴突然高热、神昏、惊厥。

细菌性痢疾简称菌痢，病原菌是肠杆菌科志贺菌属，也称痢疾杆菌。

痢疾的记述始于古希腊希波克拉底时代（公元前5世纪），19世纪曾出现全世界大流行。1899年，日本人志贺首先发现是痢疾杆菌引起。为纪念志贺的贡献，将痢疾杆菌称为志贺菌属。

痢疾杆菌是革兰染色阴性的兼性菌，无芽孢，无鞭毛，无荚膜，有菌毛，不具动力。

痢疾杆菌培养营养要求不高，在普通培养基中生长良好，最适宜的温度为37℃，不耐热及干燥，阳光直射即有杀灭作用，加热60℃经10分钟即死亡；但具有很强的耐寒性，在阴暗潮湿及冰冻环境下能生存数周，在蔬菜、瓜果、腌菜中能生存1~2周。对一般消毒剂如新洁尔灭、来苏、过氧乙酸等抵抗力弱，可被迅速杀死。

根据生化反应与抗原结构的不同，痢疾杆菌可以分为甲、乙、丙、丁四个群。甲群为志贺菌群，有10个血清型；乙群为福氏菌群，有13个血清型；丙群为鲍氏菌群，有15个血清型；丁型为宋内菌群，仅有1个血清型。各群痢疾杆菌在菌体裂解时均释放出内毒素，但产生外毒素的能力各种群差异很大，其中，最强的是以志贺痢疾杆菌产生的外毒素，所以人感染后症状较为严重。

痢疾杆菌的致病物质有菌毛和内毒素，致病因素主要是菌毛的侵袭力和内毒素的毒性作用，有些菌株尚能产生外毒素。

痢疾杆菌的菌毛是侵袭力的基础，是痢疾杆菌致病的主要因素之一。此外，菌体表面的 K 抗原也与侵入人体上皮细胞的能力有关。痢疾杆菌随食物进入胃部后，若胃酸分泌正常，可被胃酸杀死，即使细菌进入肠道，也可被肠道内的分泌性抗体和肠道正常菌群所排斥。某些足以降低人体全身和胃肠道局部防御功能的因素，如慢性病、过度疲劳、受冻、饮食不当、消化道疾患等，则有利于痢疾杆菌借助菌毛黏附于回肠末端和结肠黏膜上皮细胞上，然后进入细胞内生长繁殖，最后引起细胞破裂，导致肠黏膜损伤及溃疡，引起黏膜炎症

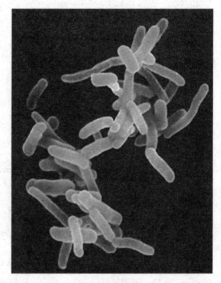

痢疾杆菌

而致腹泻。一般情况下，痢疾杆菌只在黏膜固有层内繁殖，并形成感染病灶，很少侵入黏膜下层。细菌侵入血液者较罕见。有毒力的痢疾杆菌对上皮细胞的侵入作用是致病的先决条件，是导致感染的重要原因。

痢疾杆菌的内毒素作用于肠壁，使其通透性增高，促进内毒素吸收。内毒素作用于中枢神经系统及心血管系统，引起发热、神志障碍，严重者可出现中毒性休克等一系列症状。内毒素能破坏肠黏膜，形成炎症，出现溃疡、坏死、出血，在排出典型的脓血黏液便的同时，病原菌也随粪便排出。内毒素还可刺激肠壁自主神经，使肠功能紊乱、肠蠕动共济失调和痉挛，尤以直肠括约肌受毒素刺激最明显，临床表现为腹痛和里急后重症状。

志贺菌属 A 群 1 型和 2 型，可产生外毒素，称为志贺毒素。近年还证实 B 群 2a 型也可产生志贺样毒素，具有神经毒性、细胞毒性和肠毒素的性质，可能与腹泻有关，还可能引起昏迷。

俗话说"病从口入"，这句话用在痢疾杆菌的传播途径上再恰当不过了。痢疾病人的大便中，含有大量的病菌，不断随大便排出体外。含病菌的大便，如污染了水、食物等，未经消毒，健康人食入就可得病。带菌的人，通过污染的手，或借苍蝇的传播等方式，都会将病菌传给健康人。而导致慈禧太后得病的痢疾杆菌就是由宫廷中得了痢疾杆菌痢疾的御厨或是痢疾带菌者，由于手上沾染了痢疾杆菌，致使病菌污染了御膳而造成的。

痢疾杆菌进入人体后不一定发病，是否得病，一方面取决于痢疾杆菌的数量和毒力，更为重要的是取决于机体的抵抗力。当身体抵抗力强，痢疾杆菌数量少，无侵袭力，则不发病；反之，当身体抵抗力下降，痢疾杆菌数量多，有侵袭力，则发病。但痢疾杆菌致病性强，与沙门菌、霍乱弧菌比较，感染剂量低得多，甚至少至10个细菌进入肠道就可发病，其发病率随菌量增加而增加。

痢疾杆菌一旦进入人体后，很快由胃进入小肠，侵入肠黏膜上皮细胞，在小肠内生长繁殖，并放出大量内毒素。内毒素穿透黏膜，达到黏膜固有层，少数可深达局部淋巴结，但很快可被网状内皮系统的巨噬细胞所杀灭，仅当机体免疫功能极度低下时，才发生菌血症。

内毒素被肠壁吸入进入血液，可导致全身各器官发生中毒和过敏，对人危害极大。内毒素进入血液后可引起高烧、烦躁、嗜睡、抽搐、昏迷、周身及脑的急性微循环障碍，产生休克、呼吸衰竭、脑病等。中毒性菌痢就是内毒素进入病人血液后所致。

中毒性菌痢分休克型、脑型、混合型。①休克型可出现面色苍白、四肢凉、脉细而数、呼吸急促、血压下降、脉压变小等。②脑型可出现脑水肿、颅内压增高、嗜睡、面色苍白、反复抽搐、昏迷、脑疝等。③混合型则兼有上述二型的症状。

中毒性菌痢病势凶险，可在发病一二日内死亡。有的表现骤起高热，在脓血便出现前就发生中毒现象；也可有几天拉痢疾的症状，2~3天后便出现中毒症状。

远离痢疾，最重要的是预防。预防痢疾的关键措施是饭前、便后一定要洗手。生熟食物要分开，不吃半生不熟的鱼或肉片。一旦出现腹痛、腹泻，尤其是伴脓血便等症，应立即就诊。

而对于细菌性痢疾，则要对病人进行隔离；病人的粪便、衣物、玩具、床铺、门把手、食具要消毒；要严格执行食品卫生法，搞好饮食卫生，消灭苍蝇，饭前便后要洗手，不要喝生水，不吃不洁瓜果、蔬菜，不吃腐烂变质食物或苍蝇爬过的食物，不喝剩啤酒、剩饮料，不吃未经处理的剩饭剩菜。吃

预防痢疾，尽量少食生鱼片

凉拌菜要多加些醋和蒜等。尤其在痢疾流行季节，凡有菌痢或中毒性菌痢症状者，不论有无腹泻，都要及时去医院诊治，不可忽视。

菌　毛

在某些细菌表面存在着一种比鞭毛更细、更短而直硬的中空毛发状结构，称为菌毛。其主要成分为菌毛蛋白，与细菌间或细菌和动物细胞黏合有关。细菌细胞接合过程中是供体细胞向受体细胞传递 DNA 的通道。

征服霍乱杆菌

恐怖的霍乱

1991 年，秘鲁城市利马这座拥有 700 万人口的南美洲城市却笼罩在一片死亡的恐怖之中。成千上万的人患了一种可怕的疾病，轻者轻度腹泻，重者剧烈吐泻、脱水、循环衰竭，许多人抵抗不住病魔的侵袭，在痛苦中死去！

这种疾病就是霍乱！

根据官方的统计数据，1991 年秘鲁有 336554 人患霍乱，其中 3538 人死亡。瘟疫穿过拉丁美洲蔓延，最后于 1994 年平息。到了当年的 9 月，从中美洲和南美洲报到世界卫生组织（WHO）的感染人数为 1041422 人，死亡 9643 人，但世界卫生组织估计报告上所说数据大约是实际数据的 2%。如果这是真的话，那么也就是说 5200 万人染病，几乎占该大陆人口的 12%，有超过 48.2 万人死亡。

霍乱病名始见于中医经典《内经》，汉朝《伤寒论》中也有所论述，清朝还有专著《霍乱论》。它是由病菌引起、由不洁饮食传染的急性肠道传染病，患者剧烈腹泻、脱水甚至死亡。

霍乱是由霍乱弧菌所致的烈性肠道传染病，本病通过水源、食物、生物接触而传播。

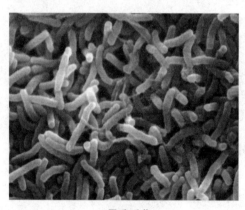

霍乱弧菌

霍乱，早期译作虎烈拉，临床上以剧烈无痛性泻吐、米泔样大便、严重脱水、肌肉痛性痉挛、周围循环衰竭等为特征。

霍乱弧菌包括两个生物型，即古生物型和埃尔托生物型。过去把前者引起的疾病称为霍乱，把后者引起的疾病称为副霍乱。1962 年世界卫生大会决定将副霍乱列入《国际卫生条例》检疫传染病"霍乱"项内，并与霍乱同样处理。

霍乱弧菌的这两个生物型除某些生物学特征有所不同外，在形态学及血清学性状方面几乎相同。霍乱弧菌为革兰染色阴性，对干燥、日光、热、酸及一般消毒剂均敏感。

霍乱的典型临床表现为腹泻、呕吐和由此而引起的体液丢失、脱水、电解质紊乱、低钾综合征、周身循环衰竭等，如果不及时抢救则病死率甚高。由于起病急、传播快，影响人民生活、生产及旅游、外贸等，因而它和鼠疫、黄热病一起，被世界卫生组织规定为必须实施国际卫生检疫的三种传染病之一，在中国属法定管理的"甲类"传染病。

霍乱因始发于气候炎热的印度而被列为热带病，但可因带菌者的移动而波浪式地蔓延到气候较冷的俄罗斯和北欧的一些地区，如英国的伦敦、德国的汉堡等地。

目前认为，印度恒河下游三角洲是古典型霍乱的地方性疫源地，印尼的苏拉维西岛是埃尔托型霍乱的地方性疫源地。在19世纪，新交通工具如轮船、火车的发展，以及城市人口稠密、卫生条件的恶劣等因素推动了霍乱的流行。迄今为止，霍乱已发生了7次全球性大流行。

第一次世界性的大流行始于1817年，是从传统的流行地属于当时印度的孟加拉开始，向东通过东南亚传播到中国，又向西从波斯即今天的伊朗直至北非埃及。

第二次流行开始于1824年，除又波及第一次的流行区之外，已传播到俄罗斯，1831年继续向西穿过欧洲大陆进入英国，先是从东北的森德兰港

目前认为，印度恒河下游三角洲
是古典型霍乱的地方性疫源地

登陆，4个月后抵达300英里外的伦敦；然后，于1832年越过大西洋席卷北美洲，1833年又经巴勒比海到达南美洲。

第三次始于1839年，疾病从印度随同英国军队进入阿富汗，又传到波斯和中亚，经阿拉伯半岛到欧洲，1840年进入中国，1848年从欧洲越过大西洋到南北美洲。到1854年，整个东西半球无幸免之地，人们甚至很难说清这是一次新的流行，还是第一次流行的继续。在欧洲，历史最悠久的哈布斯堡王朝就是在这场大疫以及当时的社会巨变打击下颓然倾覆的。

第四次流行开始于1863年，平息于1874年，又是在以前的疫区再次流行。当时有许多印度香客至麦加城去朝圣，一次集会即使9万人感染，该病在阿拉伯世界传播开来后又传到亚洲、非洲、欧洲和美洲。这次流行，死亡

人数极多，如俄罗斯彼得堡在 1866 年死 9 万人，1870 年俄国欧洲部分和西伯利亚地区死 33 万人。在欧洲，奥匈帝国正在征战，捷克南部 8 万人死于霍乱，匈牙利也死了万人，德国北部 1866 年死 11.5 万人，1871—1872 年又死 3.3 万人。巴黎 1865 年死 10 万人。而在我国，据史料记载，1863 年 6 月中旬至 7 月 15 日，上海因霍乱，全市每天售出的棺材达 700~1200 具，7 月 14 日一天就死了 1500 人。

第五次流行从 1881 年到 1896 年，也是由于印度的穆斯林朝圣者把这个病带到埃及，结果引起开罗的亚历山大港爆发，病死 5.85 万人。朝圣者回来又使尼罗河沿岸、非洲及中东地区流行该病。由于商贸往来，商人们又把该病从印度带到阿富汗传入我国和俄罗斯，再由俄罗斯传入东欧。结果，彼得堡死 80 万人，汉堡 2 个月内死 1 万多人。此次流行广泛分布于远东的中国、日本、近东及埃及、欧洲的德国及俄国，在美国纽约，因其采取了有效的预防措施而使霍乱得以制止，但却传到了南美洲。

在亚历山大港爆发的霍乱中有近 6 万人死亡

第六次流行从 1899 年到 1923 年，西半球及欧洲大部分地区幸免于难。斯拉夫人居住的巴尔干半岛、匈牙利、俄罗斯等地为疫区，但得到了控制，在远东的中国、日本、朝鲜及菲律宾等疾病宿寄国家却没有幸免。这次霍乱大流行中，印度于 1904—1909 年因该病共死 252 万人，1918—1919 年又死去 112 万人；埃及 1902 年 3 个月内就死掉 3.4 万人；我国 1902—1913 年共死 16.7 万人，1920 年，上海、福州、哈尔滨流行，引起 30 万人死亡，1922 年流行城市已达 306 个。在欧洲，1913 年巴尔干战争中霍乱在军队中流行，死亡不计其数；在美洲，1911 年 7—8 月间，几乎全部从欧洲到纽约的船上均爆发霍乱。

第七次流行始于 1961 年，此次流行之菌型与前 6 次有所不同。前 6 次大流行与古典生物型霍乱弧菌有关，第七次则由印尼地方流行的埃尔托生物型霍乱弧菌所致。此型目前已波及世界五大洲100多个国家和地区，而且每年都有数十个国家或地区数以万计甚至十几万的人发病，延续至今未止。

20世纪90年代，霍乱患者数量呈现上升趋势。世界卫生组织称，它是对全球的永久威胁，并说"威胁在增大"。

1992年10月，由O139霍乱弧菌引起的新型霍乱席卷印度和孟加拉国的某些地区，至1993年4月已报告10万余病人，现已波及许多国家和地区，包括我国，有取代埃尔托生物型的可能，有人将其称为霍乱的第八次世界性大流行。

在电子显微镜下，霍乱弧菌微微扭曲，一端飘摇着长长的鞭毛。但它在人体内远没有镜头下这么悠闲：胃酸会令绝大多数霍乱弧菌毙命。利用菌海战术，也许会有几颗细菌到达终极目的地：小肠。

霍乱弧菌产生致病性的是内毒素及外毒素，正常胃酸可杀死弧菌。当胃酸暂时低下时或入侵病毒菌数量增多时，就进入小肠。

这种外毒素可以导致细胞大量钠离子和水持续外流，并对小肠黏膜作用而引起肠液的大量分泌。由于其分泌量很大，超过肠管再吸收的能力，在临床上出现剧烈泻吐，严重脱水，致使血浆容量明显减少，体内盐分缺乏，血液浓缩，出现周围循环衰竭。由于剧烈泻吐，电解质丢失、缺钾缺钠、肌肉痉挛、酸中毒等甚至发生休克及急性肾功衰竭。

在小肠中，未被胃酸杀死的霍乱弧菌在碱性肠液内迅速繁殖，并产生大量强烈的外毒素。它像泵一样把氯离子源源不断地从人细胞里抽出，使之与小肠腔里很常见的钠离子结合，变成"食盐溶液"。这样，小肠腔盐浓度就很高，而小肠细胞的盐浓度则很低，为了维持盐的平衡，小肠细胞就会发疯一样向小肠腔吐水，吐光了再从人体其他部分吸，吸了再吐。如此机理，肠毒素能在一天之内通过小肠细胞从人体吸出6升水，全都变成"米泔便"排出人体。霍乱弧菌花大力气制造肠毒素之目的，就是生产这样的"米泔便"帮助它们繁殖——其中带有成千上万新生的霍乱弧菌。霍乱弧菌借此污染水源，寻找下家。

失水让人迅速干瘪，当失去 10% 的水分，人就可能眩晕甚至昏厥。但在腹泻时流走的不只是水分，还有维持细胞功能所需要的氯、钠和钾离子。钾流失再严重，心脏功能和神经传导便会产生障碍。同时腹泻还会带来低血糖甚至肾衰竭的危险。

霍乱弧菌致病的原理如此直接，治疗措施同样易行。只需 1 茶匙食盐加 8 茶匙糖，用过滤或煮沸的干净水配成 1 升溶液让病人喝下即可，在必要的时候可以采取补液盐注射。这种简单的治疗能将死亡率由 50% 降到 1% 以下。当然，抗生素可以将症状持续时间减半，但这只是辅助，如果不补充盐类来缓解症状，吃下药物也是枉然。

科学对待霍乱杆菌

在第五次大流行时，法国科学家巴斯德和德国科赫对霍乱的研究，又对细菌学的建立提供了有价值的内容。

很早的时候，巴斯德就猜测霍乱与细菌有关。1881 年，巴斯德在对动物霍乱研究中，发现了霍乱有和詹纳种痘一样的获得性免疫现象。他把发病的鸡霍乱毒液（其中含霍乱菌），经过几代动物体内减毒培养，再接种给健康的鸡，就可阻止鸡霍乱发生。他采用同样方法制止了山羊霍乱和牛霍乱。

对于巴斯德这项工作，20 世纪美国医史学家加里森给以很高的评价："在合适动物体内，经过培养可以将致病微生物的毒力减弱或增强……这种思想是科学史上最富有智慧的思想之一。过去传染病产生或消失，其原因简单地说，就是在特殊条件下病原微生物毒力的增强或减弱"。

科赫曾于 1882 年首先分离了结核杆菌，正是这种细菌引发了桑塔格所说的"浪漫主义灵魂疾病"。他也曾经描述霍乱：比其他致命疾病更可怕；它使感染者褪去人形，皱缩成自己的漫画形象，直到生命消亡。

恰巧就在帕西尼去世的这一年，科赫被派到霍乱横行的埃及，满眼是各样的"漫画形象"。在这里，科赫的显微镜下重现了 30 年前帕西尼看到的景象——弧形且带尾巴的"逗号"杆菌。当埃及的霍乱得到控制后，科赫主动要求前往同样是霍乱肆虐的印度继续研究。几个月后，他终于在实验室中培养起这些菌种，并根据细菌繁殖和传播的特点总结出控制霍乱流行的方法，直到今天仍使人类受益。科赫带着纯净的霍乱弧菌回到祖国，受到了人们对民族英雄般的欢迎。

1905年，科赫获得诺贝尔医学奖，这是对几十年工作的肯定，其中也包括对霍乱弧菌的认可和对"瘴气说"的否定。这个在50年前被斯诺追踪、被帕西尼详加记录、又在20年前被科赫好生饲养在实验室里的细菌的致病性终于尘埃落定。

如今，科赫这个名字被标在一座月亮环形山之上，与科幻文学大师儒勒·凡尔纳比邻而居。

科赫发现霍乱弧菌以后，德国另外一位医学家彼腾科夫认为霍乱的流行除细菌外还有其他因素，1892年10月7日，他亲自吞服了1毫升霍乱菌液。3天之后，他感到肠道有不适感，第6天出现了腹泻。彼腾科夫坚持拒绝服药治疗，腹泻于第2天消失。通过对大便的培养，证明了霍乱弧菌的存在，但彼腾科夫并没有出现呕吐等其他霍乱症状，说明如果饮了纯霍乱菌，并不能发生霍乱，霍乱弧菌不是霍乱流行的惟一原因。这也能解释当年在德国流行霍乱期间，汉堡市和毗邻的爱尔托纳城因水源不同，瘟疫只光顾了饮用易北河水的汉堡市，爱尔托纳城因饮用的是过滤水便没有人患霍乱。其后，在巴黎的一场霍乱中，人们封闭了一个污水沟，便制止了霍乱。由此可见，污水是霍乱发病机制中的一个助长因素。

霍乱期间的一系列病源的流行病学调查，使欧洲一些国家，特别是在英国，对饮水的供应和污水处理等有关问题非常重视，在英国开展了清洁水源运动，并由此开创了"公共卫生学"这一医学门类。

1837年英国引进了记录生、死、婚姻情况的公民登记制度，1844年一些地方建起

污水是霍乱发病机制中的一个助长因素

了"城镇卫生协会",1845 年英国议会对公共卫生法案的试行开始辩论。1847 年利物浦首先指派一名"卫生官"监管城市预防工作。1848 年英国开始推行公共卫生法案,同年,英国一些地方开始建下水管道系统。公共卫生法案要求全国设立中央性的卫生总理事会,负责领导全国的公共卫生运动,1834—1854 年的负责人是爱德温·查德威克爵士,1856—1876 年约翰·西蒙担任了首席卫生官,该组织因推行许多健康立法和严格的公共卫生政策,开拓了英国的卫生管理工作,为不断发展的科学的疾病预防工作奠定了基础,也为世界各国所效仿。

1892 年,在威尼斯举行的国际会议上,人们为防治霍乱国际公约订出防疫规章,其所订标准后来分别在 1903 年和 1926 年由巴黎防治鼠疫公约加以补充。这个国际防疫规章对各国预防传染病运动产生了极大的效果。20 世纪初叶传染病的死亡率明显降低,在很大程度上得益于防疫规章这个国际公约的实施。

霍乱在中国

在世界霍乱的 7 次大流行中,我国每次都是重疫区,并且在两次流行的间期也患者不绝,病死的人非常多。

伍连德在《中国霍乱流行史略及其古代疗法概况》中写道:"自 1820 年英国用兵缅甸,一旦霍乱流行,直由海道经缅甸达广州,波及温州及宁波两处,以宁波为甚。次年,真性霍乱遂流行于中国境内,由宁波向各埠蔓延,直抵北平、直隶、山东等省。1826 年夏由印度传入中国。又自 1840 年由印度调入英印联军,遂造成第三次之霍乱流行。"

陆定圃在《冷庐医话·卷三·霍乱转筋》中说:"嘉庆庚辰年(1820 年)后,患者不绝。"王清任《医林改错·下卷·瘟毒吐泻转筋说》中也说:"道光元年辛巳(1821 年),病吐泻转筋者数省,死亡过多,贫不能葬埋者,国家发币施棺,月余之间,共数十万金。"

在清代,以光绪十年(1884 年)流行最盛。在民国时代,以民国二十一年(1932 年)霍乱流行最广,波及城市达 306 处,患病者达 10666 人,死亡者达 31974 人。

据史料记载，早在光绪十六年（1890 年）夏，位于我国辽宁省东南部安东地区就有疫病发生，其流行迅速，来势猖獗，仅死者就有千余人。

光绪二十一年六月，疫病再次大流行，以安东之大东沟、沙河镇两处最烈，死者不计其数，且多系工人。流行最激烈时，整日掩埋死人不断。有的送葬抬棺人，还没有到达墓地就在途中发病死亡，这无不令人惊骇。

光绪二十七年（1901 年）七月，安东地区疫情变本加厉，患者以劳动者为多，仅沙河镇区，每天的死者就达 30～60 人。

1907 年夏，在中国出现霍乱大流行。安东地区及大连、旅顺、辽阳等地均都波及，尤以大连、旅顺出现的患者为多，此病于八月下旬首发于大连，终止于十一月上旬。

次年六月，安东的霍乱流行最为剧烈，木排工人死者无算。由于装着尸体的棺材已无亲友故旧安葬，均送集珍珠泡地带。路旁地内积棺遍野，尸骸暴露，惨不忍睹。

霍乱传入我国后，因不知病源，医生则据症状名病和预防。徐子默在《吊脚痧方论》中，称此病为“吊脚痧”；田晋元则在所著《时行霍乱指迷》一书中，称为“时行霍乱”。民国初年，也有据英语者称此病名为“真霍乱”。此后，随着时代的发展，到 20 世纪中叶以后，在法定文献和教科书中便称此病为霍乱，而不再称“真霍乱”和其他病名了。在王孟英所著《霍乱论》中，提出在春夏之际，在井中投以白矾、雄黄，水缸中浸石菖蒲根及降香为消毒预防之法。

霍乱虽然与《伤寒论》上所记载的霍乱病源和轻重不同，但运用《伤寒论》的辨证和方药，如用理中汤、四逆汤等却能收到很好的疗效。虽然这种疗法遭到徐灵胎、王孟英等人反对，说霍乱属热不可以热药疗治，但通过实践，证明这不失为一种好疗法。当年章太炎先生就指出，四逆汤之疗效，和西医的樟脑针、盐水针（补液）效果不相上下，而且原理也相同。

在当代，治疗霍乱的几大原则不外乎是输液或口服药物以补充水及电解质，使用抗生素（如磺胺、呋喃唑酮、四环素、多四环素等）治疗并发症和对症治疗。不过，我们也不能小看运用中医药治疗霍乱的方法。早在《内经》的运气学说中，就指出不同类型的气候模式与某些疾病流行相关。1951 年，郁维对上海1946—1950年霍乱流行的研究，证实了霍乱流行与大气的绝对湿度有关。

第七次霍乱世界大流行于1961年传入我国阳江，在沿海地区引起广泛流行。我国最先用第IV组霍乱噬菌体鉴别法证实其病原为埃尔托型霍乱弧菌。经过大力防治，于1965年得到基本控制。但由于"文化大革命"等众所周知的原因，1973年疫情再次发生，1979—1981年间形成第二个流行高峰，随后在80年代疫情一直保持在较高的水平，并且波及面较广。1987年北海、合浦、防城、钦州四市县发生一次较大流行，共发病1093例；据分析当时广东西部未发病而广西沿海已有流行。经广西区卫生防疫站证实是由于过境越南难民埃尔托霍乱带菌者引起的霍乱流行，主要流行菌型为稻叶3b，这是稻叶3b作为优势菌型在国内的首次出现。但也有人认为该次大流行尚不能排除是北部湾海域的海生动物作为疫源以及菌型变异所致。广东省1990年霍乱发病数居全国之首，主要分布在粤东的汕头市区和各县以及珠江三角洲的深圳、广州、东莞、珠海等7市11县。

广东省是我国霍乱高发地区之一

1961年的埃尔托型霍乱，给我国造成了很大的危害。而1992年于印度及孟加拉等地流行的霍乱，已经证实是埃尔托型的变型所致，该菌定名为O139。巴基斯坦、斯里兰卡、泰国、尼泊尔、我国香港及欧美等地都发现了患者。1993年，在我国新疆首先发现O139，5年多时间报告300余例。

可以说，在当前世界上，霍乱的流行仍然是一个令人困扰的公共问题。1997年霍乱在扎伊尔的卢旺达难民中大规模爆发，造成7万人感染，1.2万人死亡。这证明，霍乱仍是灾难性的。所以说，人类在彻底征服霍乱及霍乱弧菌的道路上依旧任重道远，更

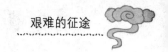

需要人们的关注和努力。

黄帝内经

《黄帝内经》，分《灵枢》、《素问》两部分，为古代医家托轩辕黄帝名之作，为医家、医学理论家联合创作，一般认为成书于春秋战国时期。在以黄帝、岐伯、雷公对话和问答的形式阐述病机病理的同时，主张不治已病，而治未病，同时主张养生、摄生、益寿、延年。是中国传统医学四大经典著作之一，是我国医学宝库中现存成书最早的一部医学典籍。它是研究人的生理学、病理学、诊断学、治疗原则和药物学的医学巨著。在理论上建立了中医学上的"阴阳五行学说"、"脉象学说"、"藏象学说"等。

征服百日咳之旅

在寒冷的冬季，在医院的诊室里，常常有这样的小孩子。这些小孩子在生病之初有流泪、流涕、咳嗽、低热等症状，与普通感冒很难区别。但3~4天后咳嗽日见加重。一两周后，咳嗽逐渐加重，出现典型剧烈的痉挛性咳嗽。每次发作要连咳十几声甚至几十声，小孩子常咳得面红耳赤、涕泪交流、舌向外伸，最后咳出大量黏液，并由于大力吸气而出现犹如鸡鸣样吼声，如此一日发作几次乃至30~40次频繁的呛咳，眼睑和颜面布满针尖大小的出血点。这种情况在夜间尤其明显，并且年龄越小，病情越重。

这实际上就是百日咳的典型症状了。

百日咳，是由百日咳杆菌引起的急性呼吸道传染病，主要表现是咳嗽，病程可长达100天，所以又叫"百日咳"。百日咳通过飞沫传染，一年四季均可发生，但在冬、春季发病的最多。主要多发生在2岁以下的小孩子，新生儿也有患本病的可能，这是因为宝宝不能从母体得到相应的抗体。

百日咳杆菌是卵圆形短小杆菌，大小为（0.5~1.5）微米×（0.2~0.5）

微米，属博尔代菌属，没有鞭毛和芽孢。革兰染色呈阴性。用甲苯胺蓝染色可见两极异染颗粒。专性需氧，初次分离培养时营养要求较高，需用马铃薯血液甘油琼脂培养基（即博—金氏培养基）才能生长。在37℃经2~3天培养后，可以看到细小、圆形、光滑、凸起、银灰色、不透明的菌落，周围有模糊的溶血环。液体培养呈均匀混浊生长，并有少量黏性沉淀。

百日咳杆菌常发生光滑型到粗糙的相变异：Ⅰ相为光滑型，菌落光滑，有荚膜，毒力强；Ⅳ相为粗糙型，菌落粗糙，无荚膜，无毒力。Ⅱ、Ⅲ相为过渡相。一般在疾病急性期分离的细菌为Ⅰ相，疾病晚期和多次传代培养可出现Ⅱ、Ⅲ或Ⅳ相的变异。发生这种变异时，细菌形态、菌落、溶血性、抗原结构和致病力等均出现变异。

百日咳杆菌含有耐热的菌体（O）抗原和不耐热的荚膜（K）抗原。前者为鲍特菌属共同抗原，后者仅存于百日咳杆菌。

百日咳杆菌的抵抗力非常弱。在温度56℃下持续30分钟或在日光照射下1小时就死亡。对多黏菌素、氯霉素、红霉素、氨苄西林等非常敏感，但对青霉素不敏感。

百日咳杆菌的致病物质包括了荚膜、菌毛、毒素等。菌毛有利于菌体黏附，荚膜有抗吞噬作用。毒素主要包括5种：百日咳毒素、腺苷酸环化酶毒素、气管细胞毒素、皮肤坏死毒素以及丝状血凝素。

在百日咳杆菌中，与致病性有关的物质除荚膜、菌毛外，还有多种生物学活性因子。百日咳毒素是主要的致病因子，能诱发机体的持久免疫力，并有多种生物活性。如促进白细胞增多，抑制巨噬细胞功能，损伤呼吸道纤毛上皮细胞导致阵发性痉挛咳嗽等。细菌破裂后还能在宿主细胞质中查到一种热不稳定性毒素和其他几种抗原成分，可

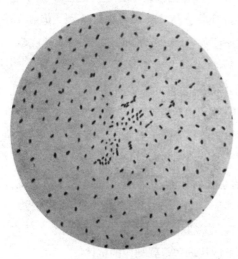

培养皿里的百日咳杆菌

引起纤毛上皮细胞炎症和坏死。

百日咳杆菌引起人类百日咳。病人，尤其是症状轻微的非典型病人是重要的传染源。主要经飞沫传播。易感儿童接触病人后发病率接近90%，1岁以下患儿病死率高。

百日咳的潜伏期为1~2周。发病早期（卡他期）仅有轻度咳嗽。细菌此时在气管和支气管黏膜上大量繁殖并随飞沫排出，传染性最大。1~2周后出现阵发性痉挛性咳嗽（痉挛期），这时细菌释放毒素，导致黏膜上皮细胞纤毛运动失调，大量黏稠分泌物不能排出，刺激黏膜中的感受器产生强烈痉咳，呈现出特殊的高音调鸡鸣样吼声。形成的黏液栓子还能堵塞小支气管，导致肺不张和呼吸困难、紫绀。此外还可出现呕吐、惊厥等症状。4~6周后逐渐转入恢复期，阵咳减轻，趋向痊愈，但有1%~10%病人易继发溶血性链球菌、流感杆菌等的感染。

百日咳的病程比较长，所以叫百日咳。在致病过程中，百日咳杆菌始终在纤毛上皮细胞表面，并不入血。

感染百日咳后可出现多种特异性抗体，免疫力较为持久。仅少数病人可再次感染，再发的病情亦较轻。

1906年，比利时细菌学家和免疫学家博尔代和让古发现了百日咳杆菌。因此，百日咳杆菌又称博尔代—庚乌杆菌。他们同时发明了百日咳杆菌菌苗。

博尔代，比利时微生物学家，1919年诺贝尔生理学和医学奖得主，1870年6月13日生于苏瓦尼，1961年4月6日卒于布鲁塞尔。

1892年，布鲁塞尔医科大学的高材生博尔德特获得了医学博士，同年在布鲁塞尔开始行医。在那个时候的比利时，谁会去请教这个"娃娃"大夫呢？他自己也有先见之

布鲁塞尔

明，于是就函请巴黎巴斯德纪念研究院给予他一个职位。同时一面服务于母校附院，一面等待巴黎的音信。

2 年后，博尔代终于如愿以偿，他进入了位于巴黎的巴斯德研究所工作。7 年后，他又成了世界上研究细菌数一数二的权威专家。

如此之才寄居法国，比利时朝野深为遗憾。博尔代多次回国讲学，也有心留在祖国。

在比利时方面，举国上下为了争取博尔德特回国，同心协力，根据他的理想在国内盖了一座与法国巴斯德研究所式样相同的学院。博尔代在巴黎看见报上刊载的消息时大为感动。

后来为修建这座学府，比利时全国各方面都捐款了，但距所需经费仍远，加之法国得知比利时修建学院有许多器材非向法国购置不可，他们就故意抬高售价。比利时国会最后决定：把一笔指定建造一艘驱逐舰的专款，全部拨充此用。博尔代随返祖国，从 1902 年起，担任比利时布雷班研究院院长，后到布鲁塞尔大学，1907 年成为布鲁塞尔大学教授。

博尔代的早期研究显示，人和动物的血清中有一种活性物质，被称为 Alexine（补体）。这种物质在血液里起着中介的作用，是一组球蛋白，能扩大和补充机体的免疫应答。

1901 年，连同庚乌一起发现了补体，创立了补体结合试验。1906 年他们又一起发现了百日咳杆菌，被称为博尔代—庚乌杆菌。他还与德国细菌学家瓦色曼共同发现了检验梅毒的反应，称为博尔代—瓦色曼反应。

由于博尔代在免疫学上的重大发现，他获得了 1919 年诺贝尔生理学或医学奖，这是对他在补体结合方面的工作所给予的特别表彰。

博尔代一生获得许多荣誉。他是布鲁塞尔大学行政会的常务理事，曾出任比利时皇家学院、伦敦皇家协会、英国爱丁堡皇家学会、巴黎香港医学专科学院、美国国家科学院等许多学校和社会的荣誉职务。他还赢得了不少奖项，除了诺贝尔奖，1930 年、1937 年获比利时戴尔勋章，1938 年获大克罗伊奖。他还是罗马尼亚、瑞典和卢森堡的荣誉市民。

博尔代于 1899 年结婚，有一子和二女，儿子保罗接替他父亲的研究，成为布鲁塞尔的细菌学教授。博尔代于 1961 年 4 月 6 日去世，安葬在布鲁塞尔公墓。

1920 年，博尔代写了一篇论述免疫学的文章《传染病的免疫疗法》。文章精湛地总结了当时有关该领域的全部知识。然而，对当时不断在丰富着的关于病毒的知识，博尔代却持顽固反对的态度，他拒不承认图尔特所发现的噬菌体实际上是生物，而在很长时间里坚持认为它们只不过是一些毒素而已。不过，总的来说，博尔代的成就还是巨大的。

博尔代和庚乌在研究中发现，百日咳杆菌含有对热不稳定物质，将其注入豚鼠和家兔腹腔或静脉中，能将动物杀死。如给皮下注射则产生皮肤坏死。从有病的孩子临床表现以及百日咳菌苗的副作用等，均表明百日咳杆菌具有特殊的致病物质。

以后，许多学者从各个侧面研究百日咳杆菌的致病物，又陆续发现该菌含有多种生物学活性物质，其中有些物质与治病作用密切相关。

而近年来，日本、美国等许多学者已经研究制备百日咳无细胞菌苗代替全细胞菌苗，可显著减低全细胞菌苗的毒性反应。由于百日咳是一种常见的呼吸道感染病，所以应广泛地进行百日咳菌苗预防接种，一般新生儿生后 3 个月即可注射百日咳菌苗。由于百日咳菌苗的毒性反应使特异预防受到限制，应加速研制毒性低、免疫效果好的无细胞菌苗。

在对付百日咳上，人们也积累了丰富的经验。如饮食要少吃多餐，不吃辛辣等带有刺激性的食物，保持室内的空气清新和一定的温度（20℃ 左右）及湿度（60%），避免烟尘刺激而诱发咳嗽等。

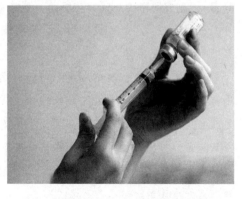

一般新生儿生后 3 个月即可注射百日咳菌苗

由于百日咳是传染性较强、病情顽固及并发症较严重的疾病，所以人们必须采取有效的措施进行预防。隔离患儿是预防百日咳流行的重要环节，隔离期从发病之日算起是 6 周。

接种疫苗，是预防百日咳的一个重要途径。对出生满 3 个月的孩子，要

进行百白破（百日咳菌苗、白喉类毒素、破伤风类毒素）三联疫苗的预防接种。对没有进行过预防接种的体弱孩子，如已接触过百日咳的患病孩子，可注射丙种球蛋白，以增强机体的防御机能。对以前已经接受过预防接种的宝宝，可再注射一次百日咳疫苗，以促使产生抗体，加强其免疫力。

不过，百日咳预防接种和自然感染后均不能建立终身免疫，因此必须强调全程免疫，进行接种后再按规定加强。

知识点

杆　菌

杆菌，杆状或类似杆状的细菌，广泛分布于自然界，腐生或寄生。如大肠杆菌、枯草杆菌等。各种杆菌的大小、长短、弯度、粗细差异较大。大多数杆菌中等大小长2～5um，宽0.3～1um。大的杆菌如炭疽杆菌（3～5um×1.0～1.3um），小的如野兔热杆菌（0.3～0.7um×0.2um）。菌体的形态多数呈直杆状，也有的菌体微弯。菌体两端多呈钝圆形，少数两端平齐（如炭疽杆菌），也有两端尖细（如梭杆菌）或末端膨大呈棒状（如白喉杆菌）。排列一般分散存在，无一定排列形式，偶有成对或链状，个别呈特殊的排列如栅栏状或v、y、l字样。

菌体有的挺直，有的稍弯。多数杆菌的两端为钝圆，亦有少数呈方形，菌体两侧或平行，或中央部分较粗如梭状，或有一处或数处突出。根据其排列组合情况，也可有单杆菌，双杆菌和链杆菌之分。不过杆菌的排列特征远不如球菌那样固定，同一种杆菌往往可以有3种形态同时存在。单杆菌，有长杆菌和短杆菌（或近似球形）。产芽孢杆菌有枯草芽孢杆菌，梭状的芽孢杆菌有溶纤维梭菌。

▋▋▋ 向麻风杆菌宣战

麻风，是一种慢性传染病，它的流行非常广泛，主要分布在亚洲、非洲和拉丁美洲。我国建国前流行比较严重，估计约有 50 万例病人。建国后明显减少，1996 年统计为 6200 余例，患病率为 0.0056‰。但由于麻风病在治愈后有 3.7% 的复发率，所以还应该应予重视。

麻风病的病原菌是麻风杆菌。在光学显微镜下完整的杆菌为直棒状或稍有弯曲，长约 0.2～0.6 微米，没有鞭毛、芽孢或荚膜。非完整的可见短棒状、双球状、念珠状、颗粒状等形状。数量较多时有聚簇的特点，可形成球团状或束刷状。在电子显微镜下可观察麻风杆菌新的结构。麻风杆菌抗酸染色为红色，革兰染色为阳性。离体后的麻风杆菌，在夏季日光照射 2～3 小时就会丧失其繁殖力，在 60℃ 处理 1 小时或紫外线照射 2 小时，就将失去生命力。煮沸、高压蒸汽、紫外线照射等都是杀死它的方法。

麻风杆菌在病人体内分布比较广泛，主要见于皮肤、黏膜、周围神经、淋巴结、肝脾等网状内皮系统某些细胞内。在皮肤主要分布于神经末梢、巨噬细胞、平滑肌、毛带及血管壁等处。此外骨髓、睾丸、肾上腺、眼前半部等处也是麻风杆菌容易侵犯和存在的部位，周围血液及横纹肌中也能发现少量的麻风杆菌。麻风杆菌主要通过破溃的皮肤和黏膜（主要是鼻黏膜）排出体外，其他在乳汁、泪液、精液及阴道分泌物中，也有麻风杆菌，但菌量很少。

麻风病患者

现代的医学家根据机体的免疫状态、病理变化和临床表现等将麻风病患者分为 2 种类型：瘤型和结核型。少数患者处于两型之间的界线类和属非特异性炎症的未定类，这两类可向二型转化。

瘤型麻风患者的传染性很强，为开放性麻风。如果不治疗，将逐渐恶化，最终将侵犯到神经系统。该型患者的体液免疫正常，血清内有大量自身抗体。

自身抗体和受损组织释放的抗原结合，形成免疫复合物，沉淀在皮肤或黏膜下，形成红斑和结节，称为麻风结节，是麻风的典型病灶。面部结节融合可能出现狮面状。

结核样型患者的细胞免疫正常。病变早期在小血管周围可见有淋巴细胞浸润，随病变发展有上皮样细胞和巨噬细胞浸润。细胞内很少见有麻风分枝杆菌。传染性小，属闭锁性麻风。病变都发生于皮肤和外周神经，不侵犯内脏。早期皮肤出现斑疹，周围神经由于细胞浸润变粗变硬，感觉功能障碍。有些病变可能与迟发型超敏反应有关。该型稳定，极少演变为瘤型，所以也成为称良性麻风。

界线类兼有瘤型和结核型的特点，但程度可以不同，能向两型分化。病变部位可找到含菌的麻风细胞。

未定类属麻风病的前期病变，病灶中很少能找到麻风分枝杆菌。麻风菌素试验大多阳性，大多数病例最后转变为结核样型。

一般来说，麻风杆菌传染主要有 2 种方式：直接接触传染和间接接触传染。

直接接触传染这种方式是健康者与传染性麻风病人的直接接触，传染是通过含有麻风杆菌的皮肤或黏膜损害与有破损的健康人皮肤或黏膜的接触所致。这种传染情况最多见于和患者密切接触的家属。虽然接触的密切程度与感染发病有关，但这并不排除偶尔接触而传染的可能性。

间接接触传染这种方式是健康者与传染性麻风患者经过一定的传播媒介而受到传染。例如接触传染患者用过的衣物、被褥、手巾、食具等。间接接触传染的可能性要比直接接触传染的可能性小，但也不可能忽视。

从理论上说，麻风菌无论通过皮肤、呼吸道、消化道等都有可能侵入人体而致成感染。近来有人强调呼吸道的传染方式，认为鼻黏膜是麻风菌的主要排出途径，鼻分泌物中的麻风菌在离体后仍能存活相当的时间，带菌的尘埃或飞沫可以进入健康人的呼吸道而致感染。也有人指出，以吮血虫为媒介可能造成麻风的传染。然而，对这些看法尚有争论。而且在麻风的流行病学方面还未能得到证实。

在 19 世纪之前，由于科学知识不普及和社会偏见，这种病又常常累及一个家庭中的多个成员，所以许多医生怀疑它可能是遗传性疾病，因此导致了人们对麻风病人心存恐惧、歧视和麻风病人的自卑心理。人们甚至将麻风病与一个人的德行关联，认为患病是因有罪而遭受的天罚。对于消除这种偏见，使人们正确认识麻风病，汉森做出了很大的贡献。

格哈特·亨里克·阿莫尔·汉森，挪威医生，麻风杆菌的发现者，对麻风病的研究与防治作出贡献。

1841 年 7 月 29 日，汉森生于卑尔根，1912 年 2 月 12 日卒于弗卢勒。1859 年入克里斯蒂安尼亚大学学医。1866 年毕业，即在罗弗敦群岛一渔民社区行医。1868 年任职于卑尔根麻风病院。1870 年曾至波恩、维也纳等地调查研究。1875 年后任挪威麻风病防治机构的医官。1900 年他开始患心脏病，其后数年病情日趋加重，但还继续进行巡察工作。汉森曾被选为国际麻风病委员会的名誉主席。1900 年人们捐款在卑尔

哈特·亨里克·阿莫尔·汉森(1841—1912 年)

根修铸一座汉森的半身铜像。1912 年他至弗卢勒视察时因心脏病逝世。政府在卑尔根博物馆的大厅为他举行隆重葬礼。

19 世纪中叶，麻风病在挪威的发病率很高，当时卑尔根麻风病院是欧洲的麻风病研究中心。院长丹尼尔森与博克合作于 1847 年出版《论麻风病》，认为麻风病有遗传性，但不传染。

汉森从 1868 年就开始研究麻风病。当他检查了几个病例的病史后注意到，一旦家庭分裂或家庭成员分居，其他成员就不会患病。所以，他认为麻风病不可能是遗传病。

1873 年汉森通过大量的流行学调查和统计学的研究，认为麻风病是一种特异病原所致的疾病。他用原始的染色方法观察麻风病人的活体组织，最终

发现杆状小体。

1879 年他用改进的染色法，首次观察到大量杆状小体聚集在麻风病人的组织细胞内，这就是麻风杆菌。这是人类历史上被较早发现的致病菌之一。汉森强调，事实上麻风病仅是细菌（病原体）导致的一种慢性传染病而已，并非是患者遭受的"天谴"。

后来，他又进行人工培养麻风杆菌的试验，又在人和动物体上进行麻风感染实验，但都没有成功。

他任医官期间，主张开展城市卫生建设。根据他的论点，1877 年挪威颁布《挪威麻风法案》，规定卫生当局有权命令麻风病人迁入特设的预防隔离区，这使挪威的麻风病患者自 1875 年的 1752 人减至 1900 年的 577 人。

另外，汉森在关于麻风病上还有许多论著，主要有《麻风病病因学调查》、《论麻风病的病因》、《麻风杆菌的研究》等。

然而由于当时人们对细菌性疾病的认识尚处启蒙阶段，所以汉森的发现并未获得广泛重视。尔后随着整个细菌学的发展，更由于 1879 年得到德国学者奈瑟尔用抗酸染色法的反复证实，到 19 世纪末叶，汉森的发现才被公认，并命名这种杆状物质为"麻风杆菌"或"汉森杆菌"。

自从人类认识麻风杆菌后，就开始了征服它的道路，直到目前为止，治疗麻风病最好的方法莫过于早期、及时、足量、足程、规则的治疗，这样可使健康恢复较快，减少畸形残废及出现复发。为了减少耐药性的产生，现在主张数种有效的抗麻风化学药物联合治疗。

要控制和消灭麻风病，预防还是重中之重。发现和控制传染病源，切断传染途径，给予规则的药物治疗，同时提高周围自然人群的免疫力，才能有效地控制传染、消灭麻风病。

针对目前对麻风病的预防，缺少有效的预防疫苗和理想的预防药物。因此，在防治方法上要应用各种方法早期发现病人，对发现的病人，应及时给予规则的联合化学药物治疗。对流行地区的儿童、患者家属以及麻风菌素及结核菌素反应均为阴性的密切接触者，可给予卡介苗接种，或给予有效的化学药物进行预防性治疗。

组织细胞

　　组织细胞，由形态相似，功能、结构相同的细胞构成的具有一定功能的细胞群。

征服结核杆菌之路

科赫发现结核杆菌

　　1972年，我国考古工作者在湖南长沙的马王堆发掘了一座西汉古墓。这座深埋于地下深处的古墓，在层层密封的6层棺椁内，竟然还完整地保存着一具没有腐烂的女尸。医学工作者对这具2100年前埋葬的女尸进行了周密详尽的病理解剖，结果在肺组织中找到了清晰的肺结核的病变。

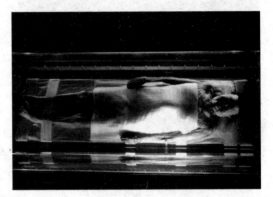

马王堆出土的女尸

　　在非洲的埃及，很久很久之前有着一种风俗，他们把死去的统治者——法老的尸体，用贵重的香料和树胶紧紧封缠起来，然后把他放进金字塔里。由于香料的防腐和树胶的隔绝空气作用，尸体会干化成"木乃伊"而保存下来。就在这些古老的木乃伊骨骼上，医学工作者发现了结核病侵袭的痕迹！

　　这些事实告诉我们：自古以来结核病就是人类的大敌。在这漫长的岁月里，不知有多少人丧生在结核病的手中。

　　结核病的病原菌是结核分枝杆菌，俗称结核杆菌，它可以侵犯全身各器官，但以肺结核为最多见。结核病至今仍为重要的传染病。估计世界人口中1/3感染结核分枝杆菌。据世界卫生组织（WHO）报道，每年约有800万新病例发生，至少有300万人死于该病。

结核分枝杆菌为细长略带弯曲的杆菌，大小（1~4）微米×0.4微米。牛分枝杆菌则比较粗短。分枝杆菌属的细菌细胞壁脂质含量较高，约占干重的60%。

近年来，科学家们发现结核分枝杆菌在细胞壁外还有一层荚膜，它对结核分枝杆菌有一定的保护作用。

结核分枝杆菌可通过呼吸道、消化道或皮肤损伤侵入易感机体，引起多种组织器官的结核病，其中以通过呼吸道引起肺结核为最多。因为肠道中有大量正常菌群寄居，结核分枝杆菌必须通过竞争才能生存并和易感细胞黏附。而肺泡中没有正常菌群，结核分枝杆菌可通过飞沫微滴或含菌尘埃的吸入，所以肺结核比较多见。

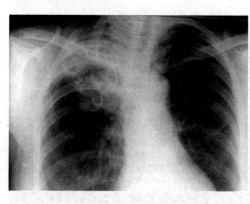

结核病患者胸部透视图

由于感染菌的毒力、数量、机体的免疫状态不同，肺结核可有分原发感染、原发后感染2类表现。

原发感染多发生于儿童。肺泡中有大量巨噬细胞，少数活的结核分枝杆菌进入肺泡即被巨噬细胞吞噬。由于该菌有大量脂质，可抵抗溶菌酶而继续繁殖，使巨噬细胞遭受破坏，释放出的大量菌在肺泡内引起炎症，称为原发灶。初次感染的机体因缺乏特异性免疫，结核分枝杆菌常经淋巴管到达肺门淋巴结，引起肺门淋巴结肿大，称原发复合征。此时，可有少量结核分枝杆菌进入血液，向全身扩散，但不一定有明显症状；与此同时，灶内巨噬细胞将特异性抗原递呈给周围淋巴细胞。感染4~5周后，机体产生特异性细胞免疫，同时也出现超敏反应。病灶中结核分枝杆菌细胞壁磷脂，一方面刺激巨噬细胞转化为上皮样细胞，后者相互融合或经核分裂形成多核巨细胞（即朗罕巨细胞），另一方面抑制蛋白酶对组织的溶解，使病灶组织溶解不完全，产生干酪样坏死，周围包着上皮样细胞，外有淋巴细胞、巨噬细胞和成纤维细胞，形成结核结节是结核的典型病理特征。感染后约5%可发展为活动性肺结核，其中少数患者因免疫低下，可经血和淋巴系统，播散至骨、关节、肾、脑膜及其他部位引起相应的结核病。90%以上的原发感染形成纤维化或钙化，不治而愈，但病灶内常仍有一定量的结核分枝杆菌长期潜伏，不但能刺激机体产生免疫也可成为日后内源性感染的渊源。

原发后感染的病灶也以肺部为多见。病菌可以是外来的或原来潜伏在病灶内。由于机体已有特异性细胞免疫，因此原发后感染的特点是病灶多局限，一般不累及邻近的淋巴结，被纤维素包围的干酪样坏死灶可钙化而痊愈。若干酪样结节破溃，排入邻近支气管，则可形成空洞并释放大量结核分枝杆菌至痰中。

另外，部分患者结核分枝杆菌可进入血液循环引起肺内、外播散，如脑、肾结核，进入消化道也可引起肠结核、结核性腹膜炎等。

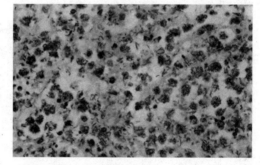

结核杆菌

由于结核病是悄悄地、在不知不觉中让人传染上的，同一家族中往往不止一个病人。所以，人们曾经以为它是一种遗传病。当然，也有人认为它很可能是一种传染病。但因为大家一直找不出病因，也就无法确证这一点，也无法给病人以有效治疗。

在征服结核病的道路上，德国的细菌学家科赫迈出了重要的第一步。

1876年，在找到炭疽杆菌后，科赫把注意力集中到了结核病人身上。与此同时，世界上许多科学家已经做过或正在做这项工作。著名教授科恩海姆把结核病人的病肺碎屑放进兔子眼睛中，使兔子染上了结核病，解剖病兔后却没找到细菌。

科赫第一次找到的结核病患者是一位强壮有力的工人，才36岁。3周前，这个人还非常健康，忽然咳嗽起来了，胸部有点痛，渐渐消瘦下来。这个可怜的人住了4天医院就死了。科赫解剖时发现其体内每一个器官全是星罗棋布的灰黄色米粒样颗粒。科赫取出一些颗粒，用两把加热过的小刀将其轧碎，再注射到许多兔子的眼里和一群豚鼠的皮下。他在等待动物出现结核病症时，开始用最好的显微镜观察死者遗体的病组织。但是许多天过去了，科赫一无所得。

"如果有结核病菌的话，那一定是非常狡猾的家伙，不让我看到它的真面目。"科赫一面观察，一面自言自语。

"看来常规方法有些问题，得改进一下。"科赫准备用一种染色剂把组织染上颜色，这样或许可将这种微生物显露出来。科赫交替用褐、蓝、紫以及彩虹七色中大多数颜色给组织染色，每次染色后他总把双手仔细地浸在杀菌的氯化汞中，以至两手变得又黑又皱。

无数次的染色、观察，科赫差不多快要失望了。"再试一下吧！"科赫自我鼓励着。终于在某一天的上午，科赫惊呼道："我找到它了！"这次如同往常一样，他把染料中的样品取了出来，放到透镜下，调节好显微镜的焦点，在灰色的朦胧中，一幅奇特的画面展现了出来——破损的病肺细胞中间，躺着一堆堆奇异的杆菌，杆菌呈蓝色，非常细小，还有些小弯小曲。

"难怪不易找到，比炭疽杆菌小多了。不过长得还挺漂亮。"科赫抑制不住心中的喜悦，继续将这位工人遗体的许多部分的结核组织染上颜色，置于镜下观察，每次总能显示这些纤细弯曲的杆菌。

这时候，那些可怜的兔子和豚鼠也开始遭殃了。在笼子的角落里，豚鼠缩成一团，光滑的毛蓬松了，原先圆鼓鼓的小身体瘦成了皮包骨。兔子也不再跳来跳去了，发着烧，无精打采地看着新鲜的萝卜，一点食欲也没有。很快它们一只接一只地死去了。

科赫于是把兔子和豚鼠钉在解剖板上，极为小心地用消过毒的刀将它们切开。和那位工人一样，这些动物体内也有着许多灰黄色颗粒，科赫取出一些颗粒，浸在蓝色染料中，果然不出所料，显微镜下又一次看到那些熟悉的漂亮的弯曲杆菌。

"我终于抓住它们了，这些结核病的元凶！"科赫兴奋地将同事找来，指着显微镜说："你们快看，就是这些漂亮的小杆子。"

科赫开始发疯般地穿梭于柏林各家医院的停尸房，寻找死于结核病的病人尸体，搜集各种有价值的病变组织，直到夜晚才回到自己的实验室。夜深人静，空荡荡的实验室只有豚鼠的吱吱怪叫声和急匆匆的奔跑声，听了使人毛骨悚然。科赫把白天取来的病变组织注射到几百只豚鼠、几十只兔子、3 只狗、13 只猫、10 只鸡和 12 只鸽子身上。

一个星期又一个星期，科赫白天在停尸房，晚上在实验室，一天工作 18 个小时以上，那些小动物不断地死去，科赫一次又一次地证实这种小小的漂亮弯曲细菌的可怕作用。

柏 林

"我要做成这些杆菌的纯菌落，单独培养后接种动物使它染病。"科赫想这样才能确切证明这种弯曲小杆菌是结核病的元凶。

科赫调好许多种味道不错，富有营养的汤汁，"人喜欢吃的牛肉汤，也许细菌也喜欢。"他把牛肉汤做成冻胶后巧妙地再把病肺残渣放在上面，绝对不让混上其他微生物。然后把这些试管放在室温、人体温度和发烧者温度下。忙完这些后，科赫像往常一样等待着结果。不过他失败了。科赫于是就寻找其他一些其他营养品供给这些细菌。

尽可能接近活的动物体的营养品自然是血液了。科赫到屠夫处要来了健康牛的淡黄色的血清，先仔细加热，将混杂在内的其他微生物消灭掉，然后灌进试管中去，斜斜地放在架子上，以便使冻胶面出现一个长平面，最后小心地抹上结核病患者的病组织。做完这些，科赫把这些试管放进了恒温的培养箱。

每天早晨，科赫来到实验室的第一件事就是从培养箱中拿出试管，贴近金丝边眼镜旁认真地看上一番，一连 10 多天，什么也没有发现。

其他微生物只要培养两三天就大量繁殖了，但14天了，结核杆菌仍无动静。科赫只好耐心地等待着。

到了15天早晨，科赫从培养箱中取出试管时，终于在血清冻的光滑面上看到了亮晶晶的微细斑点！科赫颤颤抖抖地拿出小透镜，一管一管地细看，这些闪光的斑点，扩大成了干燥的小片。科赫轻轻地挑出一点，放到了显微镜下，一看果然和那位死去的工人体内的小杆子一模一样。

科赫现在深信自己获得了成功。在向全世界宣布这一新闻之前，他想到还有一件事情要做。

他做了一个大箱子，放进了豚鼠、老鼠和兔子，接着从窗户中通进去一根导管，管口是个喷嘴，连续3天，每天半小时，用一只吹风器向箱子内喷射杆菌毒素。10天后，3只兔子透不过气了，25天之内，豚鼠全部死于结核病。科赫的实验证明，结核杆菌可以附在空气微尘中向四处传播。

1882年3月24日，在柏林的一间小房子中举行了一次生理学会会议，会上科赫宣布了他的研究结果，他不善言辞，声调也极为平常，拿论文稿纸的手在微微颤抖。他告诉人们，每7个死亡者中，有1人就死于此凶手。结核杆菌是一种最为狠毒的人类敌人，这种纤弱的微生物隐匿在何处以及它们的毒力和弱点如何……

科赫的发现，当晚就从这间小房子中传了出来，第二天世界上许多地方的报纸刊登了这个消息。科赫的发明震动了世界，许多医生从各地赶往柏林，向科赫学习寻找结核杆菌的方法。

为了表彰科赫的贡献，德国皇帝亲手授给他有星的皇冠勋章，此时，他头上仍带着那顶乡气很足的旧帽子。他说："我不过尽我所能罢了……如果我的成功有胜人之处……原因是我在踯躅医学领域时，遇上了一个遍地黄金的地方……而这并不是什么大的功绩。"

第二步是德国医学家贝林跨出的。

贝林在抗毒素血清治疗，特别是运用血清治疗法防治白喉和破伤风等病症方面有过出色的功绩。为此，他获得了1901年的诺贝尔生理学或医学奖，这是这一领域里首次颁发的诺贝尔奖。不幸的是，刚满50岁的贝林因劳累过度，染上了肺结核病。这种病在当时就如同今天的癌症一样，被视为是一种

绝症。

然而，贝林并没有卧床休息，他又开始研究结核病了。他想把自己生命的最后时刻，用来征服这个千百年来一直折磨着人类的恶魔。不久，研究工作就有了进展，贝林发明的牛结核菌苗，效果良好，各国纷纷采用。可结核菌加快了它们的进攻，1917年3月31日，贝林因结核病而去世。全世界为失去这位伟大的学者而感到无比的悲痛和惋惜：他研究结核病已到了关键时刻，人们原寄希望于他取得重大突破的。

卡介苗的发明

卡密特在里尔期间所做出的最重要贡献，就是研究结核病以及开发出卡介苗。在当时，结核病是人类重要的传染病，所造成的生命健康损害与经济上的损失非常巨大。光是在22万人口的里尔市，就有超6000人罹患结核病。而这6000余人的病患中，每年又有1000～1200人死亡。其中婴儿的死亡率竟高达43%。因此卡密特全心投入对抗结核病的研究与疫苗的开发，前后共达30余年。他设立了欧洲大陆第一所结核病诊所，为那些无法到结核病疗养院治疗的病人做早期诊断，以及提供卫生教育信息，以减少家人间的相互感染。这间诊所除了为病人提供医疗协助外，还供应食物、洗衣、躺椅等设施，以方便病人家属。

1903年，范贝林提出年幼病人可从消化道感染结核菌。卡密特和介伦立刻进行实验来验证此说法，结果他们发现幼牛果然可以经由吞食而感染结核菌。而且若吞食一种人类轻微型的结核菌，康复后可以得到免疫的效果，之后便可以对抗毒性较强的结核菌了。卡密特还发现，若将结核菌加热处理后，仍然可以作为效果不错的疫苗。此外，他还发现胆汁可以弱化结核菌的毒性。他坚信可以利用弱化后的活菌来作为疫苗。

然而就在此关键时刻（1915年），里尔沦陷在德国军队之手，不但他的研究工作被迫中断，而且他的妻子与其他24位妇女也被德军拘留作为人质。卡密特只好利用这段无法做实验的时间，将他数年来的研究结果写成一篇专题论文，之后在1920年发表。这篇论文是人类结核病研究史上的经典之作，也代表了人类对抗结核病的一个重要里程碑。

范贝林

1917 年，卡密特被任命为巴黎巴斯德研究所的副所长。当时里尔仍在德军占领之下，卡密特经过重重困难，才辗转回到巴黎。这时另二位科学家奈格与伯盖也加入卡密特与介伦的团队，共同研究开发对抗结核病的疫苗。

一天下午，卡密特和介伦来到巴黎近郊的马波泰农场散步，两人边走边谈："奇怪，琴纳在牛身上能取得牛痘疫苗的成功，可我们将结核病菌在羊身上试验却遭失败，为什么？"

"是不是我们分离提取的结核病菌有问题？"

"不会吧？我看我们还是从别处找找原因。"不知不觉，两人走到农场主马波泰面前。两人见眼前并不贫瘠的土地上生长的玉米叶子枯黄、穗粒尤小，便问这是什么原因造成的？

马波泰回答："这种玉米引种到这里已经十几代了，有些退化了。"

"什么？退化！"卡密特、介伦几乎异口同声地重复"退化"这词。

"是的，退化了，一代不如一代了。"马波泰无奈地说。

卡密特和介伦由此敏捷地联想到：如果把毒性很强的结核病菌，一代接着一代地定向培育下去，它的毒性是否也会退化呢？而这种毒性退化了的结核病菌，作为疫苗注射到人体中去，不就可以使人体产生抗体，从而获得结核病的免疫力吗？于是，两人便匆匆返回自己的实验室，埋头于结核病菌的定向培育实验。

经过深入的研究与动物实验，他们终于制成了一个称为 BCG 的疫苗，也就是我们现今通称的卡介苗（名中的"卡"与"介"分别代表卡密特与介伦的缩写）。这个疫苗是利用科赫首先分离出的牛结核菌来制造的；他们将此菌接种在含有胆汁的营养液中培养，每 3 周便重新接种到新的培养基中。经过 13 年的反复接种，细菌的毒性逐渐降低，但仍保留了激发动物产生免疫的能力。由于牛结核菌与人类结核菌在遗传上血缘关系很接近，因此制造出来的疫苗不但可使动物免疫，同时对于人类结核病也有效。

1921年5月，卡密特和介伦将这种卡介苗第一次应用于人类。被接种者是一位身受结核病严重危害的婴儿，其母亲在月子里死于肺结核，孩子只好给患严重肺结核的祖母扶养。医生把10毫克卡介苗藏于乳汁内喂食，两天1次，共服3次，结果增强了孩子对结核病的抵抗力。

当时的巴斯德研究所所长鲁克斯，对这疫苗留下深刻的印象，他认为这个疫苗是未来对抗结核病的有力武器。鲁克斯于是说服当局，在巴斯德研究所内建造了一栋五层楼的建筑物，作为研究结核病之用，这栋楼房是完全由卡密特来设计的。1931年，这栋建筑物落成时，单单法国一地，每年就有超过10万个新生婴儿接种卡介苗；而卡介苗也广为世界各国所采用。卡密特在结核病的免疫防治上，终于建立了不朽的地位。

卡介苗的曲折之路

然而，卡介苗的开发与使用并非一帆风顺，也曾发生过意外事件及争论。

1929年，德国吕伯克城的市立医院，发生了一起不幸事件，271名新生儿在服用了这家医院自制的卡介苗菌苗后，大多数的新生儿得了结核病，其中有77名死亡，世界震惊了。卡介苗本来可以使人体产生对结核病的免疫力，结果却招来祸患，没病找病了。

这到底是怎么回事呢？经过认真调查，才真相大白。这家医院的院长出于好意，从巴黎引进了卡介苗的菌种，在医院里制造菌苗。但由于工作人员的粗心大意，误将一株毒力很强的结核菌混入其中，因而造成惨痛后果，使人们对卡介苗的安全问题产生了怀疑，曾一度阻碍了卡介苗在欧洲的推广和使用。

经过查实，这家医院确实曾经保存过一株毒力很强的结核菌，它能发出一种特色的荧光色素，与一般卡介苗菌种显然不同，这才为卡介苗恢复了名誉。蒙受了十多年不白之冤的卡介苗，重新受到人们的青睐。接种卡介苗后，人体内可产生对结核杆菌的特异免疫力，结核病发病率大幅度降低，一般发病率可减少80%～90%。通常接种1次，对结核杆菌的免疫力可维持在3～4

年。现在，婴幼儿普遍接种卡介苗，使结核性脑膜炎和急性粟粒性肺结核的发病率明显降低。

最初的卡介苗是口服疫苗，后来经过奈格及佩特的改进，制成注射型疫苗。现在世界各地大多数的婴儿，都会在出生不久接种一剂卡介苗，用来预防肺结核，而接种部位的皮肤上也会留下一个轻微的痂痕。在人类医疗史上，卡介苗对于保护人类健康，具有相当的贡献。

在 21 世纪的今天，结核病卷土重来，尤其是具备抗药性的变种结核菌，已经成为人类健康上的一大隐忧。1995 年，全世界有 750 万人感染结核病。根据估计，2005 年时将扩增到 1190 万人；而每年也将有 300 万人死于结核病。无药物治疗的结核病人死亡率可高达 55%，而施以药物控制的病人死亡率也达到 15%。

既然人类施打卡介苗已有数十年的历史，为什么结核病至今仍然如此盛行呢？其中的一个理由是卡介苗本身有严重的缺失，它的免疫效果常常因人而异。例如有些科学家发现，实验动物天竺鼠接种卡介苗后，减毒细菌可在各个组织中繁殖数个月。但是卡密特当时开发卡介苗时，并没有连续检查天竺鼠数个月。同时在统计免疫效果时，卡密特的解释也不够严谨。一般而言，卡介苗在特定的环境下，对特定人士是具有功效的，但它的整体功效却被过度夸大了。

其次，卡介苗比较容易受到污染也是一个问题，德国吕伯克城事件就是一个殷鉴。因此在制作疫苗时，必须特别小心。此外，卡介苗也会造成接种者产生一些副作用。例如天竺鼠接种后会产生淋巴系统的毛病，但是卡密特却宣称这种毛病在几个星期内会自动痊愈。近年来有关注射卡介苗后产生副作用的报道也相当多；例如，导致结核菌脑膜炎的概率增加，并发症提高 10 倍，印度南部儿童接种后的头 5 年结核病例反而增多。甚至有报道指出，接种卡介苗之后，反而有利于结核病菌的侵袭。

其实最基本的关键就在于，卡介苗本身不是一个百分之百有效的疫苗。减毒结核菌体表的脂多糖类是主要的抗原，它可诱导体内产生细胞免疫及体液免疫，而产生的抗体则以 IgM 型为主。但是一个好的有效疫苗，不但应该产生充足的细胞免疫及体液免疫，同时抗体也应该以 IgG 型为主。通常当抗原是蛋白质时，所产生的免疫抗体是以 IgG 型为主，且免疫效果最佳。但由于卡介苗中的减毒结核菌体表含有大量的脂多糖类，掩盖了体表蛋白质，因此所产生的免疫效果就受到限制了。

20 世纪 50 年代，全世界各国卫生组织在政治考虑大于科学考虑之下，强制施打卡介苗来预防结核病。而近几十年来人类在免疫学上的进展，在结核病疫苗的改进上并没有受到该有的重视。结核病是一个极为复杂而棘手的疾病，它不仅不易找到合适的抗生素来治疗，而且免疫预防也受到许多外在因素的影响，例如环境、社会经济等。以美国而言，它是世界卫生的先进大国，其国民卫生保健一向较佳；但基于上述的种种因素，并没有对其国民普遍施打卡介苗，目前只有针对一些高风险的民众进行接种，如经常接触呼吸疾病的医护人员或是经常感染肺部疾病的病人。然而世界卫生组织（WHO），则仍然建议发展中国家，对其民众作早期的施打预防。

近代科学家也发现，结核菌所属的分枝杆菌类造成感染后，往往会增强宿主对其他微生物的免疫抵抗力、强化宿主的白细胞吞噬作用、抑制移植肿瘤细胞的生长，以及增加对移植器官的排斥作用。这些发现让科学家们认为可以尝试利用卡介苗来做一些疾病的免疫治疗。

早在 1972 年，斯巴等人便发现接种卡介苗可以抑制天竺鼠的肿瘤生长及癌细胞的转移；之后他们还进一步发现卡介苗可以诱导天竺鼠对肿瘤产生一种延迟性的免疫效果。近年来也有许多研究指出，卡介苗确实可以抑制人类原位性的膀胱癌。虽然卡介苗抑制癌细胞的作用机制尚不完全明了，有待生物医学家做更深入的研究；但是这些临床发现已经引起医学界与生物科技学家的高度重视，也为人类对抗癌症开启了另一道曙光。

回顾卡介苗的研发经过与医疗应用上的历史，可以发现它是漫长而蜿蜒的。当卡密特最初在研发对抗结核病的卡介苗时，他恐怕从来没有预料到，有朝一日卡介苗竟可能应用到对抗人类的癌症上吧！在今日，卡介苗的用途似乎已经远远超出卡密特以及那个时代科学家们的想象之外，它已经赋予了自己一个"新生命"，并走出一条属于它自己的道路了。

抗击结核病的勇士——王良

王良，1891 年 5 月 5 日出生于四川成都。他 9 岁的时候父亲去世，从此家境一天不如一天。母亲带着他和患病的哥哥、妹妹借住舅父家，靠变卖家产度日。

王良读过私塾，为了谋生，他向人学了一年法语。同年他与人结伴步行去昆明做工。1908年，经昆明法国教会介绍，王良考取法国人办的安南（今越南）河内医学院。1913年，王良从河内医学院毕业回国后，得知哥哥和妹妹先后死于肺结核病，他非常悲痛，深感结核病对人民健康危害之大，于是立志献身于防痨事业。后来，王良在成都平安桥医院和重庆法国仁爱堂医院工作，并在重庆金汤街自设实验室开展对结核病的研究和防治。

1925年，他得知法国科学家发明的卡介苗能有效地预防结核病，于是计划到法国巴黎巴斯德研究所学习制造卡介苗。不料就在他筹资出国的时候，德国吕贝克城发生了卡介苗接种事故，240名口服卡介苗的儿童中有72人丧生。这一事件震惊了全世界，王良也大失所望。后经德国政府组织人员查明事件起因是卡介苗受到污染所致的时候，许多人对卡介苗的怀疑消除了，王良也坚定了赴法学习、研究卡介苗的决心。

1931年，王良由重庆出发来到上海，乘法国邮轮来到巴黎后，马上进入巴斯德研究所卡介苗室学习。当时正值卡密特生病，卡介苗的生产、研究及培养学习人员事务，概由卡介苗的发明人之一介伦负责，王良亲受其传授、指导。王良首先用巴黎菌种自己培养制造的卡介苗免疫了豚鼠，经长时间观察，动物安全无恙，证明卡介苗是安全可靠的。他在巴黎学习期间共完成4篇论文，前3篇是关于卡介菌和结核菌的培养的，研究如何促进卡介菌生长发育的。后一篇是关于霍乱菌的培养及如何制造霍乱菌苗的。

1933年夏天，王良购置了一些实验设备带回国，用来充实国内自设的实验室。

1933—1936年期间，王良在重庆任仁爱堂医院医师，业余时间，在自设的微生物实验室用带回国的卡介菌种培养制造了卡介苗，并在国内首次接种婴幼儿。1933年10月—1935年8月，他共接种婴幼儿248人，这在当时已经是不小的成就了。

正当王良打算一步推广卡介苗接种时，抗日战争爆发了。1939年国民政府卫生署从武汉迁来重庆。该署派员到王良的实验室查看后，立即下令停止制造和接种卡介苗，这一强制行为深使王良痛心。尽管如此，他仍按卡密特和介伦所教授的方法继续保存了所带回国的卡介苗菌种。

1949 年 11 月，中国人民解放军进驻重庆，不久西南军政委员会卫生部成立了。钱信忠部长亲自到王良实验室参观，倍加慰勉，并邀王良参加 1950 年第一届全国卫生会议。会议期间，王良受命筹建重庆西南卡介苗制造研究所，并任所长亲自参加卡介苗培养制造工作。

1956 年，西南卡介苗制造研究所并入成都生物制品研究所，王良任副所长兼卡介苗室主任。同时，还成立了王良研究室，从此他以更大的热情投身于卡介苗及免疫机制的研究工作之中。其主要贡献包括：

（1）提高卡介苗质量的试验研究。

卡介苗质量的根本问题是活力问题，也就是每批菌苗必须有一定数量的活菌。影响活菌数量的原因有菌种、培养基、生产技术、活菌计数方法等。王良把生产用培养基进行了化学分析，最后找到了更适合卡介苗的发育条件。同时，他用优选法测定了冻干卡介苗的保护液中蔗糖的含量。

在活菌计数方法上，王良设计了一些试验方法和统计学处理方法，操作起来更加方便。

在卡介苗延长效期方面，王良证实冰箱保存 6 周的菌苗，仍有 26% 的活菌。这个数量的活菌数，足以引起免疫力。

（2）选择卡介苗菌种的研究。

由于对菌种长期的传代方法不同，各国使用的菌种的性质均多少有些差别，中国也不例外。因此，选种就成为一项重要课题。50 年代初，在卫生部指示下，王良在卫生部生物制品检定所会同各生物制品研究所的技术人员，进行了一次历时 2 年的卡介苗选种工作，为我国生产出优质疫苗做出了贡献。

（3）卡介苗免疫机制的探讨。

现代结核免疫学认为，结核病免疫主要是细胞免疫，体液抗体不起主要作用，并认为变态反应及细胞免疫同时存在，但是这个观点还远未能统一。在王良研究课题中，从未把细胞免疫和体液免疫截然分开。例如他多次注意到免疫动物血液中各种免疫球蛋白明显增加，并当动物变态反应消失时，保护力在一定时间内依然存在。

　　事实上，卡介苗不仅能刺激细胞免疫，也能激发体液抗体，这从王良首次接种的婴幼儿所见到的非特异性免疫已可证实。他在对卡介苗接种后对伤寒菌、链球菌、葡萄球菌的抵抗力的研究中观察到，卡介苗接种后对上述各菌的抵抗力明显提高，小鼠免疫后 14 天，用 4～10 倍半数致死量的伤寒菌攻击，结果对照组有 90.4% 的小鼠死亡，而免疫组仅有 27.2% 的小鼠死亡。他又观察到用卡介苗免疫之家兔血液中，链球菌消失很快，而对照组的家兔血液中链球菌则明显增加。

　　王良从青年起，即立志于防痨事业，中华人民共和国成立后，更以高度热情从事卡介苗制造研究工作，推动了我国医学，尤其是结核病防治工作的发展。1985 年 8 月 31 日，王良病逝于成都，终年 94 岁。

结核性疾病的克星——链霉素

　　除了卡介苗，征服结核杆菌还有一个"法宝"——链霉素。提起链霉素，人们自然会不会忘记美籍俄国人塞尔曼·亚伯拉罕·瓦克斯曼。

　　1888 年 7 月 22 日，瓦克斯曼生于俄国的普里鲁基，由于他是犹太血统，不能进入莫斯科大学学习。

　　1910 年，22 岁的瓦克斯曼到了美国，进入拉特格斯大学学习微生物学，1915 年毕业，次年成为美国公民，后去加利福尼亚大学深造。1918 年获博士学位后，他又回到拉特格斯大学任教，并在微生物研究所承担研究工作。瓦克斯曼孜孜不倦进行土壤中的所谓放射线菌和不同于细菌种类的微生物分类的研究。

　　1924 年，美国结核病协会委托瓦克斯曼所在的研究所，研究进入土壤中的结核菌的真相。瓦克斯曼一边讲学，一边从事细菌学的研究。每天从早到晚，他观察的、思考的都是微生物。经过 3 年多的努力，他得出了结论：进入土壤中的结核菌，最终在土壤中被消灭了。是谁消灭了结核菌？是什么方式消灭的？这些问题并没有最终解决。

　　为了寻找消灭结核菌的克星，瓦克斯曼继续深入研究。他做了一系列的实验，认真观察和记录，捕捉每一个细微的变化。他断定，土壤中那些无毒性，但又有很强杀菌能力的微生物消灭了结核菌。但在这微观世界的王国里，生存着数以万计的微生物，要寻找出是哪一种微生物消灭了结核菌，如同海里捞针。

但瓦克斯曼没有灰心，他让助手找来不同的土壤，将一块块土壤中数以千计的不同细菌一一分离出来，放在不同的培养基里培养，当获得分泌物后，又在病原菌中进行杀菌能力的检测。

当时，自己的学生杜博斯对微生物产生的抗菌物质很感兴趣。1939 年，他从短杆菌分离出一种抗菌物质，并称之为短杆菌素，这是一种由 20% 短杆菌肽和 80% 短杆菌酪肽组成的混合物，即使把这种短杆菌素从 10 万倍冲淡到 100 万倍，它也有阻止葡萄球菌发育的能力。

杜博斯的这一发现，又激起了人们对弗莱明的青霉素的兴趣。他的老师瓦克斯曼知道这一发现后，认为在自己长年研究的放射线菌中可能有产生抗生物质的东西，从而开始寻找这种抗生物质。1939—1941 年，瓦克斯曼实验过的细菌已超过 5000 种，1942 年达七八千种。杜博斯的杀菌剂和青霉素两者只对革兰阳性细菌有效，而对革兰阴性细菌不起作用。因此，瓦克斯曼对能制服革兰阴性细菌的物质尤其感兴趣。

1941 年，瓦克斯曼从一种放射线细菌培养液中提取出阻止葡萄球菌等发育的放射线菌素。1942 年，他又从别的放射线菌培养液中提取出阻止葡萄球菌、伤寒菌、赤痢菌等发育的抗生素。这是一种像细菌的丝状微生物——链丝菌属，这种抗生物质不仅能杀死青霉素所能杀死的细菌，也能杀死青霉素所不能杀死的结核菌，但这种抗生物质毒性很强，不能作为药品使用。

1942 年，瓦克斯曼提出把由微生物产生的能够阻止其他微生物发育的物质叫抗生物质，从此，这一名词便沿用下来。在放射线菌中产生的抗生物质中，为找到毒性小的抗生物质，瓦克斯曼又进一步深入研究。1943 年，他和助手们从链丝菌中分离出一种毒性低的细菌丝，发现它可以对结核杆菌产生抑制作用，这种抗生物后来被命名为链霉素。

1944 年 1 月，瓦克斯曼和他的助手们向世人宣布了链霉素的诞生。1945 年 5 月 12 日在人身上第一次成功地应用了链霉素。瓦克斯曼的这一发现，对世界产生了很大影响，各种荣誉和奖励接踵而来。1949 年，瓦克斯曼获得了帕萨诺基金会奖；1950 年，荷兰科学院向他颁发了爱米尔基督教汉森奖章；

1952 年，他荣获了诺贝尔医学和生理学奖。他把奖金转作为拉特格斯大学的研究基金。

链霉素的毒性稍大一些，人们为获得毒性小的其他抗生素又开始了对土壤微生物进行积极和系统的探索。在第二次世界大战之后，各国通过对抗生物质的研究，陆续发现了新的抗生物质，特别是美国，组织了一个较大的研究机构，专门进行使用放射线菌产生抗生物质的研究。1947 年，埃利克发现了氯霉素；1948 年，达卡发现了金霉素；1950 年，凡雷发现了四环素；1952 年，马科卡伊亚发现了红霉素。到现在为止，人类发现的抗生物质在 600 种以上。人类在征服细菌的征途中越走越远。

葡萄球菌与青霉素

葡萄球菌属是一群革兰阳性球菌，因为常堆聚成葡萄串状，所以得名。一般来说，该菌属多数是不能导致疾病的，可导致疾病只是少数。

葡萄球菌是最常见的化脓性球菌，是医院交叉感染的重要来源，该菌体为直径约 0.8 微米的小球形，在液体培养基的幼期培养中，常常处于分散状态。葡萄球菌无鞭毛，不能运动，无芽孢，除少数菌株外一般不形成荚膜。葡萄球菌代表种有金黄色葡萄球菌（黄色）、白色葡萄球菌（白色）、柠檬色葡萄球菌（橙色）等。

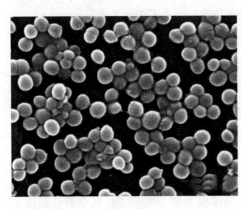

葡萄球菌

葡萄球菌是科赫、巴斯德和奥格斯顿从浓液中发现的，但通过纯培养并进行详细研究的是罗森巴赫。

葡萄球菌的致病因素主要包括以下几个方面：

（1）血浆凝固酶。这是能使含有枸橼酸钠或肝素抗凝剂的人或兔血浆发生凝固的酶类物质，致病菌株多能产生，常作为鉴别葡萄球菌有无致病性的重要标志。

凝固酶和葡萄球菌的毒力关系密切。凝固酶阳性菌株进入机体后，使血液或血浆中的纤维蛋白沉积于菌体表面，阻碍体内吞噬细胞的吞噬，即使被吞噬后，也不易被杀死。同时，凝固酶集聚在菌体四周，亦能保护病菌不受血清中杀菌物质的作用。葡萄球菌引起的感染易于局限化和形成血栓，与凝固酶的生成有关。

（2）葡萄球菌溶血素。一般来说，多数致病性葡萄球菌都能够产生溶血素。按抗原性不同，至少有 α、β、γ、δ、ε 五种，对人类在致病作用的主要是 α 溶血素。它是一种"攻击因子"，化学成分为蛋白质。如将 α-溶血素注入动物皮内，能引起皮肤坏死，如静脉注射，则导致动物迅速死亡。α 溶血素还能使小血管收缩，导致局部缺血和坏死，并能引起平滑肌痉挛。α 溶血素是一种外毒素，具有良好的抗原性。经甲醛处理可制成类毒素。

（3）杀白细胞素。该毒素含 F 和 S 两种蛋白质，能杀死人和兔的多形核粒细胞和巨噬细胞。此毒素有抗原性，不耐热，产生的抗体能阻止葡萄球菌感染的复发。

（4）肠毒素。从临床分离的金黄色葡萄球菌约 1/3 都能产生肠毒素，按抗原性和等电点等不同，葡萄球菌肠毒素分 A、B、C1、C2、C3、D、E 七个血清型，细菌能产生 1 型或 2 型以上的肠毒素。肠毒素可引起急性胃肠炎即食物中毒。与产毒菌株污染了牛奶、肉类、鱼是虾、蛋类等食品有关，在 20℃以上经 8~10 小时即可产生大量的肠毒素。肠毒素是一种可溶性蛋白质，耐热，经 100℃煮沸 30 分钟不被破坏，也不受胰蛋白酶的影响，故误食污染肠毒素的食物后，在肠道作用于内脂神经受体，传入中枢，刺激呕吐中枢，引起呕吐，并产生急性胃肠炎症状。发病急，病程短，恢复快。一般潜伏期为 1~6 小时，出现头晕、呕吐、腹泻，发病 1~2 日可自行恢复，愈后良好。

（5）表皮溶解毒素。也称表皮剥脱毒素。它主要由噬菌体 II 型金葡萄产生的一种蛋白质，能引起人类或新生小鼠的表皮剥脱性病变。

（6）毒性休克综合毒素 I。它由噬菌体 I 型金黄色葡萄球菌产生，可引起发热，增加对内毒素的敏感性。增强毛细血管通透性，引起心血管紊乱而导致休克。

由葡萄球菌导致的疾病主要有 2 种类型：侵袭性疾病和毒性疾病。

侵袭性疾病主要引起化脓性炎症。葡萄球菌可通过多种途径侵入机体，导致皮肤或器官的多种感染，甚至败血症。

皮肤软组织感染主要有疖、痈、毛囊炎、脓痤疮、甲沟炎、脸腺炎、蜂窝组织炎、伤口化脓等。内脏器官感染如肺炎、脓胸、中耳炎、脑膜炎、心包炎、心内膜炎等，主要由金葡菌引起。全身感染如败血症、脓毒血症等，多由金葡菌引起，新生儿或机体防御可能严重受损时表皮葡萄球菌也可引起严重败血症。

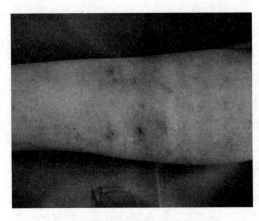

葡萄球菌导致的皮肤感染

毒性疾病由金葡菌产生的有关外毒素引起。比如进食含肠毒素食物后 1~6 小时即可出现症状，如恶心、呕吐、腹痛、腹泻，大多数病人于数小时至 1 日内恢复。

烫伤样皮肤综合征多见于新生儿、幼儿和免疫功能低下的成人，开始有红斑，1~2 天表皮起皱，继而形成水疱，至表皮脱落。由表皮溶解毒素引起。

毒性休克综合征由 TSST1（综合征毒素）引起，主要表现为高热、低血压、红斑皮疹伴脱屑、休克等，半数以上病人有呕吐、腹泻、肌痛、结膜及黏膜充血、肝肾功能损害等，偶尔有心脏受累的表现。

假膜炎肠炎本质是一种菌群失调性肠炎，病理特点是肠黏膜被一层炎性假膜所覆盖，该假膜由炎性渗出物、肠黏膜坏死块和细菌组成。人群中约 10%~15% 有少量金葡菌寄居于肠道，当优势菌如脆弱类杆菌、大肠杆菌等因抗菌药物的应用而被抑制或杀灭后，耐药的金葡菌就乘机繁殖而产生毒素，引起以腹泻为主的临床症状。

葡萄球菌的存在，对人类的生命造成了巨大的威胁。但是，在自然界中，葡萄球菌就有着天敌——霉菌。人类从认识霉菌并利用它征服葡萄球菌则经历了一个曲折的过程。而在这一过程中，苏格兰的细菌学家弗莱明功不可没。不过，青霉素最早的发现者是法国人恩斯特·迪歇纳。

恩斯特·迪歇纳，法国军医。1874 年 5 月 3 日出生于巴黎，就读于里昂陆军卫生学校。从 1894 年开始进行研究细菌学，1896 年他发现霉菌和微生物的对立。他在潮湿食品上培养出青霉灰绿，放上大肠杆菌几小时后，发现细菌消失了。他相信能将此用于治疗。以此为博士论文在 1897 年获博士学位。但他没有公开发表，也没有继续研究下去。

1901 年他和罗莎结婚，两年后罗莎死于肺结核。1904 年迪歇纳也染上了肺结核，1907 年辞去军队职务被送往疗养院，也使他的研究未能顺利进行。他于 1912 年 4 月 12 日去世，并与妻子埋葬在一起。

虽然迪歇纳最早发现了青霉素，但他却被人们所遗忘，而将最早发现青霉素的桂冠戴在了弗莱明的头上。而其原因是多方面的，或许我们只能用天意如此来解释。

弗莱明，英国细菌学家，他因青霉素的发现，于 1945 年 12 月与英国医学家弗洛里和德国化学家钱恩共同荣获了诺贝尔医学和生理学奖。

1881 年，弗莱明生于英国北部的洛克菲尔德。这里工业发达，环境污染严重，肺炎、脑膜炎、支气管炎、猩红热等病猖獗蔓延，很多人被病魔夺去了生命。弗莱明从小立志，长大要当一名医生。在报考大学时，他没有报牛津、剑桥等名牌高等学府，而是报了伦敦的圣马利亚医院医科学校。在大学里，他系统学习了免疫学等医学课程。毕业后，留在了圣马利亚医院从事免疫学的研究工作。第一次世界大战爆发后，他被征召入伍，成为一名战地军医。在战场上，由于卫生条件太差，缺乏必要的消毒手段，伤员的伤口不能及时包扎，细菌侵蚀伤口，造成伤员截肢。他看到，许多士兵没有死在战场上，却死在战地医院里，由于缺乏有效的抗菌药品，伤员伤口溃烂问题没法解决。

大战结束后，弗莱明回到圣马利亚医院，从事免疫学和抗菌学的研究。医院为他配备了科研设备和助手。他和助手长年累月地进行观察试验。

1922 年，弗莱明发现了溶菌霉。溶菌霉广泛地存在于人体各个部分分泌

弗莱明

的黏液中。它能遏制细菌的生长。他在论文中指出，溶菌霉仅仅是人体自身调节时产生的一种内分泌物质，对人体无害，能够消灭某些细菌，但不幸的是在那些对人类特别有害的细菌面前却无能为力。这就是为什么人人体内都存在溶菌霉，然而在某些细菌侵袭面前仍然表现得无法抗拒的道理。

由于溶菌霉的发现，弗莱明逐步进入了英国医学界知名学者的行列。伦敦大学邀请他担任医学系细菌学教授，他愉快地接受聘请。大学生们非常爱听这位学识渊博的教授讲课，他的绘声绘色的讲授，把学生们带入了一个肉眼看不见的世界。但是，伦敦大学还很难为他提供一套完备的实验设施，因此，他在授课之余，他和助手的大部分时间，还是在圣马利亚医院的实验室里度过的。

1928年9月，弗莱明开始研究葡萄球菌，当时的研究条件很落后，实验室设在一间破旧的房子里，房内潮湿闷热，充满着灰尘。他做葡萄球菌平皿培养，实验过程中需要多次开启平皿盖，所以，培养物很容易受到污染。

有一次，他忘了把葡萄球菌培养物盖上，几天以后，他察看培养的细菌时，发现了一个新奇的现象：在平皿里，细菌繁殖很好，但在平皿口上积有灰尘的地方，生长出了蓝绿色的霉菌菌落，周围的葡萄球菌被溶化了，变成了清澈透明的水滴。

弗莱明把这些霉菌分离出来，这种霉菌同长在陈面包上的霉菌很相近。弗莱明判定，霉菌释放出的某种化合物至少抑制了细菌的生长，他为这种谁也不知道是什么的物质起了个名字叫青霉素。

弗莱明培养了这种霉菌，并在其周围培植各种不同类型的细菌。有些细菌长得不错，有的长到和霉菌达到一定距离时，就不在向前发展了。很明显，青霉素对有些病菌有影响，而对另一些则没有影响。他还在人体上进行青霉素治疗，也收到了良好的效果。

1929年6月，弗莱明发表了第一篇关于青霉素的报告，但在当时却没有引起很大的反响。就这样，弗莱明的发现沉寂了整整10年。这10年中，他始终都没有放弃用青霉素治疗疾病的希望，为之做出了各种努力和尝试，但都不了了之。

1939年，澳大利亚科学家弗罗里教授和他的同事钱恩毫无征兆地决定，根据弗莱明的发现，他们要开始探索青霉素的有效成分以及如何实现青霉素的批量生产。这项研究针对将青霉素真正用于临床治疗所面临的关键障碍，因此得到了弗莱明的热烈响应。他将自己保存的青霉菌株交给弗罗里，希望他们能完成自己的夙愿。

澳大利亚科学家弗罗里教授

经过数年的艰苦努力，弗罗里教授和他的同事们不仅发明了一种高效培育青霉菌的方法，经过全球范围内的筛选，他们还从一个发霉的哈密瓜上找到了最富产的青霉菌株。美国微生物学家安德鲁·摩耶再接再厉，基于他们的工作成果，终于实现了青霉素的批量生产。用于临床治疗的青霉素在技术上和经济上由此变为可能。"青霉素"终于不再是某些混合物的统称，而是有着自己明确分子式的一种神奇的化学药物了。

青霉素对许多有害的微生物都有杀灭作用，它可有效地治疗猩红热、淋病、梅毒、白喉，以及脑膜炎、肺炎、败血症等许多疾病，使用的安全范围大，只有极少数患者对青霉素过敏。青霉素是先于其他抗生素而诞生的，对人类发明其他抗生素起了巨大的促进作用。

随着青霉素有效成分研究的深入，它的秘密也被公诸天下。人们发现，青霉素虽然疗效显著，但是其杀菌的机制并不复杂。人类之所以长久以来无法攻克细菌堡垒，完全归功于它们钢筋混凝土一般的肽聚糖"城墙"。肽聚糖"城墙"的"钢筋"是一根根的多糖，在多糖"钢筋"上，原本铆嵌着大量五肽链，当这个五肽链最后一环被打掉之后，变成四肽链，和另外一种叫做五肽交联的结构"焊接"在一起，这样，多糖"钢筋"和肽链一起，"浇铸"成一个坚韧的网络结构。

将多糖"钢筋"和肽链组合成肽聚糖是个复杂的过程，需要一系列的蛋白质分工合作。其中有一种特殊的蛋白质，专门负责将五肽交联和四肽侧链接合在一起。它的工作很简单，就是一旦认准了五肽链末端那一环，就一口将其咬下来，将剩下的肽链和邻近的肽链"焊接"在一起。虽然它的工作不是特别繁重，但是一刻都不能停息。因为细菌在自然界招摇过市的时候，这层肽聚糖会不断损耗，只有不断合成新的肽聚糖以修补维护，才能保证"城墙"始终扎实坚固。

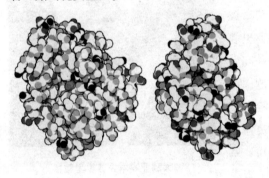

青霉素

而青霉素分子刚好有一部分，跟肽链上被咬的那一部分非常相似，这个蛋白质无法分清青霉素和肽链，照咬不误，结果蛋白质的"嘴"被青霉素塞得满满当当，进退两难。

青霉素越来越多，细菌体内这种蛋白质全都满嘴塞着青霉素，动弹不得，根本无法正常工作。失去了这些蛋白质的照料，细胞壁上的肽聚糖不能及时更新，整个细胞壁的正常维护工作无法顺利完成，这层坚韧的"城墙"就会渐渐消耗坍塌，最后细菌变成一座没有肽聚糖保护的"裸城"。失去了肽聚糖的机械支持和保护，柔弱的细菌在各种压力交攻之下，很快破裂死亡。

就这样，人类利用青霉素对细菌大开杀戒，势如破竹，将一座又一座细菌之城夷为平地。自其问世以来，青霉素至少挽救了 8000 万人的生命。

随着科学家对青霉素研究的深入，许多同类药物相继问世，各种剂型的青霉素以及青霉素的同源药物头孢菌素迅速投入到征服细菌的战斗中去。在青霉素的启发下，科学家们发现细胞壁的合成过程中，还有一系列同样重要的蛋白质。针对它们，人们发明了万古霉素、杆菌肽、磷霉素、环丝氨酸等抗生素，分别影响肽聚糖合成的不同步骤，抑制其合成，从而起到杀菌的作用。

青霉素发明至今，已经过去了将近 90 年。这 90 年间，青霉素及其相关药物已经多达上千种剂型。尽管青霉素之后，已经研制出大量别的抗菌药物，青霉素仍然作为最主要的一类抗菌药在临床上广泛使用。人类在和细菌的战斗中，取得了前所未有的辉煌胜利。细菌之城一片残垣断壁，青霉素居功至伟。弗莱明爵士、钱恩教授以及弗罗里教授于 1945 年被授予诺贝尔奖，表彰他们为人类开启了一个抗菌史上的新纪元，迎来了征服细菌道路上的黄金时代。

1969 年，美国军医署长威廉·斯图尔特向世界宣布，感染类疾病已被征服。

青霉素的历史漫长又曲折，像是一幕由黑暗走向光明，充满叹息和惊喜的长剧，它标志着人类正在走出几百万年来细菌一直投射在我们心头的恐怖阴影。

有益的细菌

YOUYI DE XIJUN

　　人们都喜欢用美妙的词句、动人的诗篇去赞美那些湖光山色、花香鸟语，却很少有人赞美过细菌。一提起细菌，人们总会预感到一种不祥之意，因为它能传染疾病，给人们带来痛苦。可是，谁又能想到细菌也有有益的一面呢？

　　在日常生活中，我们每时每刻都在跟细菌打交道。细菌非常微小，只有在显微镜下才能看见。可是有些细菌对人类却起了重大作用。譬如，在工业上，可以利用细菌勘探石油；在日常生活中，像我们使用的醋泡菜和我们饮用的红茶菌，都是用细菌制成的；还有农作物生长也离不开细菌。大家都知道农作物要想长好，土壤必须肥沃，而土壤的肥沃就是靠有些细菌来发挥作用的。

　　因此我们要消除有害细菌，确保有益细菌的生长和繁殖，充分发挥它对人类的作用。不久的将来，一定会有更多的细菌被人类开发和利用。

▊▊▊ 细菌与我们的生活

能做饲料的细菌

当前，发展畜牧业的矛盾主要是饲料问题，解决好饲料问题的关键，在于搞好粗、细饲料的搭配，以及提高粗饲料的营养价值。利用微生物改造饲料不仅能够延长存放时间，以旺补淡，使牲畜一年四季都能吃到青饲料，而且饲料经微生物作用之后变得又好吃、又有营养。

我国北方利用微生物技术制作青贮饲料非常普遍，具体做法是：夏秋时节青饲料大量收获时，把青饲料堆放起来，利用自然生存的和人工接种的乳酸杆菌的作用，让它们大量繁殖，从而抑制了引起青饲料腐烂的微生物的生长繁殖。如果在青饲料中加入一定比例的乳酸杆菌的营养物质，例如米糖等，乳酸杆菌就会生长得更好，然后用塑料薄膜或砂土将青饲料密封起来，可以贮存 1 年以上，因而它又有长贮饲料之称。

稻草、麦秸的资源十分丰富，但由于它们的主要成分是由纤维素组成的，牲畜吃了很难消化，且由于其可口性差，许多牲畜（如猪）并不爱吃。利用细菌对秸秆类物质的分解作用，可提高这种粗饲料的营养成分及可口性。通常做法是：把秸秆类物质粉碎后，加入一定量的水分，接入菌种（多为霉菌和酵母菌）进行堆积保温发酵，也可以加菌种进行自然发酵。由于微生物生长繁殖的结果，发生了一系列的生化反应，因此伴有酸、甜、香等气味发生。习惯上把用这种方法制作的饲料，叫做发酵饲料。又因为搞这类饲料的目的之一是期望把秸秆中的纤维素转变为糖，所以

丰富的麦秸资源

又称为"糖化饲料"。

微生物制造菌饲料的原理是利用各种微生物的代谢本领。利用有的微生物善于分解纤维素的能力，改善饲料的营养价值。利用有的微生物产生具有杀菌能力的物质像乳酸，可以延长贮存期。同时饲料经微生物发酵以后，还能减少饲料中致病菌的数量，对减少牲畜的病害也有一定好处，有的微生物菌体本身就是一种极好的饲料。

特别值得一提的是，菌体蛋白饲料（即纤维蛋白饲料和烃蛋白饲料的统称）的研制成功，将为饲料的工业化生产开辟出一条新的道路。利用锯末、废木材等纤维素和石油的馏分产物为原料，接种上理想的微生物，经过生长繁殖，便可获得大量的微生物菌体。据测定，这种菌体中所含的营养物质，其营养价值可与鱼粉、大豆等相媲美。豆饼中蛋白质的含量为 45%，菌体中蛋白质的含量竟高达 50% 以上，并且还含有一定量的 B 族维生素和维生素 D 等。1 吨菌体蛋白饲料所含的营养物质相当于 80 吨的青饲料。用菌体蛋白喂养奶牛，每天能多产牛奶 6～7 公升，而且奶中的脂肪含量也有提高。用来喂猪，体重经对照也明显增加。养鱼长得快，体肥个大。养蜂能使蜂加快繁殖。特别值得一提的是，蚕对菌体的蛋白也有"兴趣"，如果大力推广，也许我们靠桑叶养蚕的状况会有一场革命呢！

细菌与农业

任何植物都必须依土壤为基地，从土壤中汲取养分。而土壤形成的本身，及土壤熟化的过程都有细菌的参与。细菌分解土壤中植物所不能直接利用的有机质，形成腐殖质，改善了土壤结构，增加了植物可吸收利用的养分。同时，土壤中一些固氮的微生物把大气中游离态的氮固定到菌体中或土壤里供植物利用，这样大大改善土壤肥力。另外，土壤中的细菌产生了许多抗生物质，这些物质可以抑制和杀灭有害微生物，从而使作物生长得更好，使产量大大提高。

积肥、沤粪、翻土压青等有意识地创造有机肥料腐熟条件是人在农业生产中控制微生物的生命活动的规律的生产技术，这些技术很早就被古代劳动人民所接受，公元前 1 世纪的《氾胜之书》中就指出，肥田要熟粪；同时，该书也提出了瓜与小豆间作，即与豆类作物间作，利用豆科植物的共生性固氮作用来改善植物营养条件，可见古人也已知共生固氮的作用了。而公元5世纪，贾思勰所著的《齐民要术》更反复强调了类似的观点。

微生物在农业生产上的应用主要有这几个方面：

（1）有机肥的腐熟；

（2）生物固氮作用；

（3）土壤中难溶的矿物态磷、硫的转化作用；

（4）生物农药等。

人粪尿、厩肥等都是很好的有机肥，这些肥料在施用之前都必须经堆积腐熟后才可使用，否则，会因为有机肥发酵发热而烧坏作物。有机肥腐熟过程就是细菌分解有机物，同时产热的一个过程。

有机肥刚刚堆完之后，由于富含有机养料而导致大量细菌生长，在细菌生长的同时，有机物被分解，这时产生了大量的热，导致堆积的有机肥温度上升，在高温和一些耐热的微生物共同作用下，堆积肥中的一些难分解的有机物如纤维素、半纤维素、果胶质等也开始分解，并在堆肥中形成了腐殖质，之后，堆积的肥料开始降温，在这过程中继续有许多有机质被分解，新的腐殖质形成，最后，堆积的有机肥完全腐熟，而成为以腐殖质为主的稍加降解就能为植物直接利用的有机肥了。

生物固氮，这在土壤中的许多微生物中都有这种功能。在农业生产中我们可以有意识地选用固氮能力强的菌种接种到植物上或施用到大田中去，即所谓的菌肥或增产菌。

寄生于豆科植物根部的根瘤菌就是一种很好的固氮菌。这种细菌在土壤中自由生活并不能固氮，但当它侵入到豆科植物的根部结瘤后即具有从大气中固氮的能力。

拔起一棵大豆，洗掉根上的泥土就会看到，大豆根部除了长有像胡子一样的根毛外还长有许许多多的小圆疙瘩，形状像"肿瘤"，所以叫根瘤。把它挤破，除了一些带有腥臭味的"红水"外，似乎看不到它们有什么特别之处。但是，当我们把这种汁液放到显微镜下去观察就会发现，在这些"红水"里，有许多球状、杆状的微小生命在活动。这些小生命就是根瘤菌。

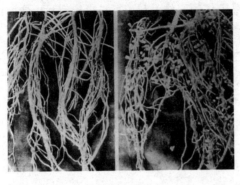

大豆的根系

根瘤菌和豆科植物的关系非常密切。根瘤菌在侵入植物根部后会分泌一些物质，能刺激根毛的薄壁细胞很快增殖形成"肿瘤"。在瘤中，瘤菌是依赖于植物提供营养来生长、繁殖，同时，它们也有一种特殊的本领，它们随身带有一种奇妙的物质——固氮酶，可以把空气中游离的氮固定下来，供给植物利用，这叫固氮作用。一个小小的根瘤就像一个微型化肥厂一样，源源不断地把氮变成氨送给植物吸收。

1886 年，俄国的学者奥拉尼首先从豆科植物（羽扁豆）的根瘤中发现根瘤菌。1888 年荷兰学者贝耶林克又分离到纯的根瘤菌种。1935 年苏联建立了世界上第一座根瘤菌肥工厂。

有固氮作用的微生物很多。目前，在农业生产上应用的固氮微生物肥料，主要有共生根瘤菌肥、自生固氮菌肥和固氮蓝藻肥 3 类。

（1）共生根瘤与植物之间有着共生的关系。1 亩土地中所含的根瘤菌在 1 年的时间内可以固定 10 ~ 15 千克的氮，这相当于向土壤中施加 50 ~ 75 千克的硫酸铵。自生固氮菌能独立生活并进行固氮作用，其种类较多，有的是好氧菌，有的则是厌氧菌。在 1 亩土地中的自生固氮菌 1 年内固定的氮气约有 2.5 千克，相当于 12.5 千克硫酸铵。

（2）自生固氮菌肥料的研制开始于 1911 年，直到 1937 年才在苏联大量地生产和施用。我国正式生产施用自生固氮菌肥料是在 1955 年以后。我国的细菌工作者在东北地区找到一种自生固氮菌，制成菌肥以后用于谷子、高粱、玉米等一些农作物上，都取得了明显的增产效果。

（3）固氮蓝藻有在水中固氮的本领，是提高水田肥效很有前途的一类微生物。每年若向每亩水田中施放 2.5 千克蓝藻，它们的固氮效果就相当于施加 45 千克的硫酸铵。

把固氮的微生物进行人工培养获得大量的活菌体，然后用它们拌种或施播，这就是最近迅速发展的细菌肥料。细菌肥料不仅能提高农作物产量，而且因为活的菌体能在土壤中继续生长繁殖，有一年施加多年有效的好处。

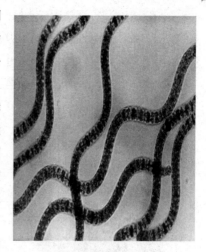

蓝藻

地球的岩石中含磷量很高，但多数磷都以难溶性的磷酸盐形式存在，这些不能为植物所利用。而土壤中含有的一些细菌如氧化硫硫杆菌、磷细菌等可以通过产酸或直接转化磷盐存在的形式而成为植物可利用的成分。因而在农业生产上，我们可以培养这类细菌，然后把它们放养到缺磷肥的土壤中去，通过这类微生物的转化，即可使该土壤成为富含磷肥的地块而使作物高产。

人们为了防治病虫害，获得粮食高产而广泛使用农药，据统计，目前世界上生产和使用农药的多达1300多种，其中主要是化学农药。过去化学农药在植保工作中一直占主导地位。但是，由于化学农药对所有生物都有毒害作用，有些化学农药在土壤中很难降解，如六六六、艾氏剂等通过食物链的富集，现在已成为一种公害。因此，寻找高效、低毒、低残留的农药已成为当务之急，而生物农药的出现恰好解决了这一难题。

生物农药统属于所谓的"第三代农药"。第三代农药包括杀灭剂、绝育剂、性诱剂、拒食剂、激素等，这些多数是生物代谢的产物。比如，人类利用一些细菌制成了杀虫剂。

目前，用作细菌杀虫剂的细菌主要是苏方金杆菌和日本金龟子芽孢杆菌。这类细菌对人畜无害，而当昆虫吃下这类细菌即可发病而死亡。

细菌与酒醋

醋是家家必备的调味品。烧鱼时放一点醋，可以除去腥味；有些菜加醋以后，不仅口味更好，还能增进食欲，帮助消化；另外，醋还是一些女士的最爱，因为它还有美容养颜的作用。

早在 1856 年，在法国立耳城的制酒作坊里，发生了淡酒在空气中自然变醋这一怪现象，由此引起了一场历史性的大争论。当时有的科学家认为，这是由于酒吸收了空气中的氧气而引起的化学变化。而法国微生物学家、化学家巴斯德，经过悉心研究，令人信服地证明了酒变成醋是醋酸杆菌的缘故。

一般酒桶盖得都严严实实的，否则醋酸杆菌将混入酒桶

一般来说，制醋有 3 个过程：①把大米、小米或高粱等淀粉类原料利用曲霉变成葡萄糖。②由酵母菌把葡萄糖变成酒精，以上全是真菌的作用。此时在真菌的帮助下，人们就可以喝上美酒了。③但是，由酒变醋，还得最重要的第三步，这就要醋酸杆菌来大显身手了。

醋酸杆菌是一类能使糖类和酒精氧化成醋酸等产物的短杆菌。醋酸杆菌细胞呈椭圆或短杆型，(0.8～1.2) 微米×(1.5～2.5) 微米，细胞端有的尖有的平。醋酸杆菌没有芽孢，不能运动，好氧，在液体培养基的表面容易形成菌膜，常存在于醋和醋的食品中。工业上可以利用醋酸杆菌酿醋、制作醋酸和葡萄糖酸等。

醋酸杆菌是一种需氧型细菌，在自然条件下，它们可以从空气中落到低浓度的酒桶里，在空气流通和保持一定温度的条件下，迅速生产繁殖，使酒精氧化成味香色美的酸醋。

也正是这个原因，酒厂或酿酒师总是把酒桶盖得严严实实的，不让醋酸杆菌混入酒桶，即使有少量溜进桶里的醋酸杆菌也会因缺氧而被闷死。最后，还要给酒桶加温，残存的醋酸杆菌和其他"捣乱"的细菌才会一一被消灭掉。

细菌与沼气

在自然界中的湖泊、池塘、河流、沼泽地，常常看到有许多气泡从底部淤泥中冒出水面，如果把这些气体收集起来可以点燃，这种气体称沼气。因为沼气最早从沼泽地发现而得名。

沼气是一种可燃的混合气体，其主要成分是甲烷，此外还有二氧化碳、少量的氮、一氧化碳、氢、氨和硫化氢等，一般甲烷的含量约占60%。每立方米的沼气在燃烧时可以释放出20920千焦的热量，约与1千克煤释放的热量相当。沼气除了用作燃料以外，还可以用来照明、发电、抽水等。农作物秸秆、人畜粪便、树叶杂草、城市垃圾等都是沼气发酵的原料。

沼气是来自有机物质的分解，但有机物质的分解不一定都能产生沼气。沼气是在特定的厌氧条件，同时又不存在硝酸盐、硫酸盐和日光的环境中形成的。形成沼气的过程叫沼气发酵。在沼气发酵过程中，二氧化碳为碳素氧化的终产物，甲烷为碳素还原的终产物。在沼气发酵过程中参与甲烷形成的细菌，统称为甲烷细菌。

甲烷细菌都是专性严格厌氧菌，对氧非常敏感，遇氧后会立即受到抑制，不能生长、繁殖，有的还会死亡。

甲烷细菌生长很缓慢，在人工培养条件下需经过十几天甚至几十天才能长出菌落。据麦卡蒂介绍，有的甲烷细菌需要培养七

沼气最早从沼泽地发现而得名

八十天才能长出菌落，在自然条件下甚至更长。菌落也相当小，如果不仔细观察很容易遗漏。菌落一般圆形、透明、边缘整齐，在荧光显微镜下发出强的荧光。

甲烷细菌生长缓慢的原因，是它可利用的底物很少，只能利用很简单的物质，如 CO_2、H_2、甲酸、乙酸、甲基胺等。这些简单物质必须由其他发酵性细菌，把复杂有机物分解后提供给甲烷细菌，所以甲烷细菌一定要等到其他细菌都大量生长后才能生长。同时甲烷细菌世代时间也长，有的细菌20分钟繁殖一代，甲烷细菌需几天乃至几十天才能繁殖一代。

因为甲烷细菌要求严格厌氧条件，而一般培养方法很难达到厌氧，培养分离往往失败。又因为甲烷细菌和伴生菌生活在一起，菌体大小形态都十分

相似，在一般光学显微镜下不好判明。20世纪50年代，美国微生物学家华盖特培养分离甲烷细菌获得成功。以后世界上有很多研究者对甲烷细菌进行了培养分离工作，并对华盖特分离方法进行了改良，能很容易地把甲烷细菌培养分离出来。

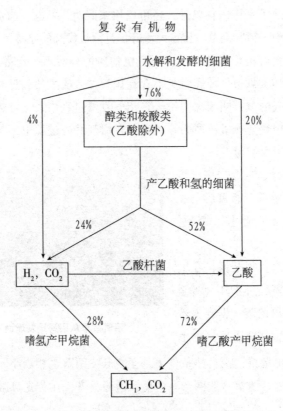

从复杂有机物质到形成甲烷，是由很多
细菌参与联合作用的结果

甲烷细菌在自然界中分布极为广泛，在与氧气隔绝的环境都有甲烷细菌生长，海底沉积物、河湖淤泥、沼泽地、水稻田以及人和动物的肠道、反刍动物瘤胃，甚至在植物体内都有甲烷细菌存在。

从复杂有机物质厌氧发酵到形成甲烷，是非常复杂的过程，不是一种细菌所能完成的，是由很多细菌参与联合作用的结果。甲烷细菌在合成的最后阶段起作用。它利用伴生菌所提供的代谢产物氢气、二氧化碳等合成甲烷。

神奇的光合细菌

长期以来，由于化肥农药的不合理超量使用，造成了农副产品质量下降，尤其是残毒随食物链进入人体后，严重危害了人类健康。而人类对光合细菌的开发，为我们解决这个问题带来了希望。

光合细菌是一大类在厌氧条件下进行不放氧光合作用的细菌，它是地球上最早出现的具有原始光能合成体系的原核生物。它广泛分布于海洋、湖泊、沼泽、池塘和土壤中，具有固氮，产氢，固碳，脱硫，可氧化分解硫化氢、胺类及多种毒物的能力。将光合细菌制成菌肥可作为底肥、以拌种和叶面喷施等方式应用到农业生产中，可增加生物固氮效率，对植物细菌及真菌性疾病有显著的预防和抵抗效果，不会造成农产品污染；光合细菌饲料添加剂适用于各类畜食、水产养殖业，富含蛋白质、氨基酸、维生素等；另外光合细菌还可作生物抗癌药。

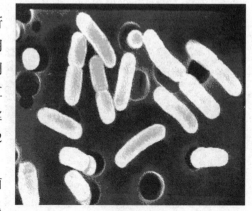

光合细菌

目前，主要根据光合细菌所具有的光合色素体系和光合作用中是否能以硫为电子供体将其划分为 4 个科：红色无硫细菌、红色硫细菌、绿色硫细菌和滑行丝状绿色硫细菌，进一步可分为 22 个属、61 个种。

光合细菌的光合色素由细菌叶绿素和类胡萝卜素组成。现已发现的细菌叶绿素有 a、b、c、d、e 共 5 种，每种都有固定的光吸收波长。而类胡萝卜素也是捕获光能的主要色素，它扩大了可供光合细菌利用的光谱范围。

光合细菌的光合作用与绿色植物和藻类的光合作用机制有所不同。主要表现在：光合细菌的光合作用过程基本上是一种厌氧过程；由于不存在光化学反应系统 II，所以光合作用过程不以水作供氢体，不发生水的光解，也不释放分子氧；还原二氧化碳的供氢体是硫化物、分子氢或有机物。

光合细菌不仅能进行光合作用，也能进行呼吸和发酵，能适应环境条件的变化而改变其获得能量的方式。

近年来，光合细菌越来越受到人们的关注和重视，人类对光合细菌的应用研究也获得了很大的进展。研究表明，光合细菌在农业、环保、医药等方面均有较高的应用价值。

光合细菌的营养非常丰富，其蛋白质含量高达 60% 以上，是一种优质蛋白源。光合细菌还含有多种维生素，尤其是 B 族维生素极为丰富，叶酸、泛酸的含量远高于酵母。它还含有大量的类胡萝卜素等生理活性物质。因此，光合细菌具有很高的营养价值。

另外，光合细菌可被用于鱼虾以及特种水产品如贝类、蟹、蛙类等的饵料或饲料添加剂。光合细菌可以促进鱼虾等的生长，提高成活率，提高产量，而且还能防治鱼虾疾病，净化养殖池水质等。

光合细菌的营养价值极高，消化率好，作为禽畜饲料的营养添加剂已有 20 余年的历史。它在提高禽畜产品的产量、质量方面同样具明显作用。

由于大量无机肥料与化学农药
的使用而盐化的土壤

光合细菌在种植业中的应用也非常广泛。由于大量无机肥料与化学农药的使用，造成土壤残留农药的毒害，土壤盐化、板结严重，土壤肥力趋于衰竭。因此，有识之士都大力提倡使用有机肥料和"生物农药"。而光合细菌已被证明既是一种优质的有机肥料，又能增强植物的抗病能力。光合细菌可作为底肥，或以拌种和叶面喷施等方式应用。

光合细菌也可以应用在食品、化妆品、医药保健业中。光合细菌富含类胡萝卜素，为重要的微生物来源的天然红色素。该色素无毒，色彩鲜艳、亮泽，并具防水性，因而很适用于食品、化妆品等工业中作为着色剂，在医学

业中也具广泛应用前景。

更加引人注意的是光合细菌微生态制剂的出现。经动物试验表明，光合细菌保健食品具有延缓衰老、抑制肿瘤、免疫调节、调节血脂的显著功效。这与其细胞内富含类胡萝卜素是分不开的。类胡萝卜素的抗氧化能力、抗感染作用以及抗癌变作用已有许多研究报道和专门评述。光合细菌细胞中富含的 B 族维生素及活性物质，也成为提取天然药物的良好素材之一。

对光合细菌的研究在逐渐深入，其应用领域在逐渐拓宽。但在许多方面的应用研究，还只能说处于初级阶段。不过，其开发应用的前景是广阔的，必将具有不可替代的应用市场，在人类活动中发挥越来越大的作用。

霉　菌

霉菌：是丝状真菌的俗称，意即"发霉的真菌"，它们往往能形成分枝繁茂的菌丝体，但又不像蘑菇那样产生大型的子实体。在潮湿温暖的地方，很多物品上长出一些肉眼可见的绒毛状、絮状或蛛网状的菌落，那就是霉菌。

细菌与工业及污染治理

产能的细菌

当前，煤炭、石油和天然气作为人类生活中的主要能源被利用着。它们储存的化学能是由生物在几千年中才积累起来的。随着各国工农业的发展和人民生活水平的提高，能源的消耗与日俱增，据估计，这些化石资源在今后一两百年内就会枯竭，人类即将面临能源的危机。所以现在世界各国都在努力寻找新能源。

我们知道，氢气可以燃烧，是一种发热本领最高的化学燃料，燃烧 1 千克氢放出的热量，相当于燃烧 3 千克汽油或者 4.5 千克焦炭。所以人们将氢气看做未来能源的新星。

另外，氢气本身无色、无味、无毒，它燃烧后只产生水汽，不会造成环境污染，可以说是一种很干净的燃料。并且氢的来源也无限丰富，地球上有的是水，水就是氢和氧的化合物。

同时，人们发现了不少能够产氢的细菌。①花能异养菌，它们能够发酵糖类、醇类、有机酸等有机物，吸收其中一部分的能量来满足自身生命活动的需要，同时把另一部分的能量以氢气的形式释放出来。②能够产氢的细菌是光合的养菌，它们能够像绿色植物那样，吸收太阳光的能量，把简单的无机物合成复杂的有机物以满足自身的需要，同时产生氢气。

不过，利用微生物生产氢气，目前还处于探索阶段，科学家们正不断寻找和培育产氢能力更强的微生物，希望在不远的将来，我们能以水做原料，靠太阳提供能量，利用微生物生产出更多的氢气来。

提到黄金大家都很熟悉，因为黄金自古以来常被人们用做装饰品，皇家贵族还用它做生活器皿。如今，黄金的用途远不止这些，它已走进了电子和宇航工业；成为做金币材料和牙科材料。据报道，盛产黄金的国家主要是南非、俄罗斯、加拿大、中国等地。

1个多世纪以来，90%以上的金厂都是用有毒的氰化物从脉金矿中出金。由于氰化物提金存在着溶剂剧毒的弊端，人们一直在寻找无毒的浸金溶剂。其中利用细菌的某些代谢产物提取金，就成为人们研究的重要课题。

人们利用细菌的某些代谢产物提取黄金

有些细菌或其代谢产物，对金、银或包裹金银的硫化矿物，具有溶解、吸附、氧化等作用，人们利用这些作用，开展了提取矿石中金、银的研究。近年来，这方面的研究进展很快，有的已进入工业生产。

据报道，俄罗斯在寻求无毒生物提金剂方面做了大量的研究，其曾做了不同细菌溶解能力的比较试验，并且发现某些巨大芽孢杆菌等溶金效果很好。

石油被人们誉为"液体黄金"，是当前主要能源之一。现在的工农业生产以及化学工业都需要大量石油。因此，如何勘探石油就成为一个极有价值的研究问题了。

石油勘探的方法很多，其中微生物探测是其中的方法之一。石油是一种混合物，其中含有大量烃类物质。虽然石油埋藏在地层深处，但这些烃类物质，还是可以通过扩散作用渗透到地壳表面来。有些微生物专吃这些烃类物质，如果微量的烃类物质有了较多积累，这些微生物就可以大量繁殖，我们依靠对微生物的观察就可以断定地下是否贮藏有石油。这种方法简单易行，可以辅助其他勘测方法，综合使用能提高勘探准确度。由于这些细菌具有指示油田位置的功能，因此人们称之为"指示菌"。

细菌冶金

细菌冶金又称微生物浸矿，是近代湿法冶金工业上的一种新工艺。它主要是应用细菌法溶浸贫矿、废矿、尾矿和大冶炉渣等，以回收某些贵重有色金属和稀有金属，达到防止矿产资源流失，最大限度地利用矿藏的一种冶金方法。

这种能吃金属的细菌最早发现于 1905 年，德国的德累斯顿的大量自来水管被阻塞了，拆修时发现管内沉积了大量铁末。科学家在显微镜下从铁末中找到了一种微小的细菌，这种细菌能分解铁化合物，并把分解出来的铁质"吃下去"。这些自来水管中的铁细菌，因"吃"了水中铁的化合物，"暴食"而死，铁末沉积在管内。

在毛里塔尼亚，人们发现深水潜水泵中的零件表面坑坑洼洼的，好像被什么东西咬过似的，后来，经化验才知道，这里的水中生长着一种"吃"铁的细菌，它们一见钢铁做的潜水泵下水，就蜂拥而上，抢吃起来。

而将细菌应用在冶金业最早是在 1974 年，当时美国科学家凯勒尔和西克勒从酸性矿水中分离出了一株氧化亚铁杆菌。此后美国的布利诺等又从犹他州宾厄姆峡谷矿水中分离得到了氧化硫硫杆菌和氧化亚铁硫杆菌，用这两种菌浸泡硫化铜矿石，结果发现能把金属从矿石中溶解出来。至此细菌冶金技术开始发展起来。

在美国，约有10%的铜是用这种方法获得的，仅宾厄姆峡谷采用细菌冶铜法，每年就可回收铜7万多吨。更引人注目的是铀也可采用细菌冶金法采冶回收。

参与细菌冶金的细菌有很多种，主要有以下几种：氧化硫硫杆菌、排硫杆菌、脱氨硫杆菌和一些异养菌、氧化亚铁硫杆菌（如芽孢杆菌属、土壤杆菌属）等。

细菌冶金中的微生物多为化能自养型细菌，它们一般多耐酸，甚至在pH值为1以下仍能生存。有的菌能氧化硫及硫化物，从中获取能量以供生存。

关于细菌从矿石中把金属溶浸出来的原理，至今仍在探讨之中。有人发现，细菌能把金属从矿石中溶浸出来是细菌生命活动中生成的代谢物的间接作用，或称其为纯化学反应浸出说，是指通过细菌作用产生硫酸和硫酸铁，然后通过硫酸或硫酸铁作为溶剂浸提出矿石中的有用金属。硫酸和硫酸铁溶液是一般硫化物矿和其他矿物化学浸提法（湿法冶金）中普通使用的有效溶剂。例如氧化硫硫杆菌和聚硫杆菌能把矿石中的硫氧化成硫酸，氧化亚铁硫杆菌能把硫酸亚铁氧化成硫酸铁。

也有的研究者认为，细菌冶金的原理是细菌对矿石具有直接浸提作用。他们发现，一些不含铁的铜矿如辉铜矿、黝铜矿等不需要加铁，氧化亚铁硫杆菌同样可以明显地将铜浸出；也就是说，细菌对矿石存在着直接氧化的能力，细菌与矿石之间通过物理化学接触把金属溶解出来。

还有的研究者发现，某些靠有机物生活的细菌，可以产生一种有机物，与矿石中的金属成分嵌合，从而使金属从矿石中溶解出来。电子显微镜照片也证实：氧化硫硫杆菌在硫结晶的表面集结后，对矿石侵蚀有痕迹。此外，微生物菌体在矿石表面能产生各种酶，也支持了细菌直接作用浸矿的学说。

根据矿石的配置状态，其生产形式主要有以下3种：

（1）堆浸法。通常有矿山附近的山坡、盆地、斜坡等地上，铺上混凝土、沥青等防渗材料，将矿石堆集其上，然后将事先准备好的含菌溶浸液用泵自矿堆顶面上浇注或喷淋矿石的表面（在此过程中随之带入细菌生长所必需的空气），使之在矿堆上自上而下浸润，经过一段时间后浸提出有用金属。含金属的侵提液积聚在矿堆底部，集中送入收集池中，而后根据不同金属性质采取适当方法回收有用金属。

这种方法常占用大面积地面，所需劳动力亦较大，但可处理较大数量的矿石，一次可处理几千到几十万吨。

（2）池浸法。在耐酸池中，堆集几十至几百吨矿石粉，池中充满含菌浸提液，再加以机械搅拌以增大冶炼速度。这种方法虽然只能处理少量的矿石，但却易于控制。

（3）地下浸提法。这是一种直接在矿床内浸提金属的方法。这种方法大多用于难以开采的矿石、富矿开采后的尾矿、露天开采后的废矿坑、矿床相当集中的矿石等。其方法是在开采完毕的场所和部分露出的矿体上浇淋细菌溶浸液，或者在矿区钻孔至矿层，将细菌溶浸液由钻孔注入，通气，其溶浸一段时间后，抽出溶浸液进行回收金属处理。

这种方法的优点是，矿石不需运输，不需开采选矿，可节约大量人力和物力，矿工不用在矿坑内工作，增加了人身安全度，还可减轻环境污染。

细菌冶金与其他冶炼方法相比具有许多独特的优点：

（1）普通方法冶炼金属要采矿、选矿、高温冶炼，而细菌冶金可以在常温、常压下，将采、选、冶合一，因此设备简单、操作方便、工艺条件易控制、投资少、成本低。

（2）细菌冶金适宜处理贫矿、尾矿、炉渣，小而分散的富矿和某些难以开采的矿及老矿山废弃的矿石等，可达到综合利用的目的。

（3）细菌可以完成人工采矿无法完成的采矿任务。因为细菌个体非常小，可随水钻进岩石和矿渣的微小缝隙里，把分散的金属元素集中成为可用的金属。

（4）传统的开采及冶炼技术常常产生巨大的露天矿坑和大堆废矿石与尾矿，导致地表的破坏；冶炼硫化矿和燃烧高硫煤产生尘埃和二氧化硫均危害环境，而细菌冶金对地表的破坏降低到最低限度，亦无需熔炼硫化矿，减少了公害。

细菌冶金技术虽已取得了很大的发展，但也存在着一些如工艺放大、金属回收周期、回收率之类需要解决的问题。即便如此，它的前景依旧是光明的。

专门吃汞的细菌

1953 年，日本九州水俣地区发生了一种奇怪的病。患者开始感到手脚麻木，接着听觉和视觉逐步衰退，最后精神失常，身体像弓一样弯曲变形，惨叫而死。当时谁也搞不清这是什么病，就按地名把它称为"水俣病"。据统计，截止到 1977 年 10 月共有 203 人死于水俣病。

那么，水俣中毒的内在原因究竟是什么？为解决这个问题，日本熊本医学院的研究人员花了近 10 年的时间，终于查明祸根就是汞甲基化细菌。

日本水俣病患者

原来，在水俣县附近，日本化学康采恩"梯索"所属的许多工厂把含有汞盐的工业污水大量排入水俣湾，水俣湾中的汞甲基化细菌将汞盐中的二价汞离子甲基化，产生甲基汞。氯化汞的甲基化，即可在细胞内进行，也可在细胞外发生。自然界中普遍存在有汞甲基化细菌，水俣湾中的汞甲基化细菌有荧光极毛杆菌、大肠杆菌、产气杆菌、巨大芽孢杆菌等，这些细菌可将二价汞离子甲基化。

后来，研究人员进一步发现人体肠道中的大肠杆菌、葡萄球菌、乳杆菌、类杆菌、双歧杆菌和链球菌，也可使氯化汞转化为甲基汞。此外，某些真菌如黑曲霉、酿酒酵母也可产生甲基汞。当加工厂排出的含汞废水污染水俣湾，使水中的鱼、虾含汞量大增，人吃了这些鱼、虾之后，鱼、虾里的甲基汞进入人体，当甲基汞在人体内的含量大到一定程度，就会严重地破坏人的大脑和神经系统，产生可怕的中毒症状，最后导致人的死亡。

氯化汞和甲基汞都是有毒的化合物，据测定，一个成年人口服 0.1～0.5 克氯化汞便可中毒死亡。甲基汞的毒性比氯化汞大 100 倍，所以细菌将氯化汞转化为甲基汞大大提高了毒性。

甲基汞是神经系统的强毒剂，对人的大脑皮质有严重损害，而且人的年龄越小，大脑受损害的程度越严重。大脑失去功能，导致生命终止，这就是水俣中毒事件的原因。

汞化合物是一种很难对付的污染物，人们曾试图用物理的或化学的方法来清除汞化合物，但是效果都不是很理想，最后还是请来了神通广大的微生物。微生物王国中有一类耐汞细菌，它既能降解有机汞化合物，又能分解无机汞化合物，是汞污染物的清道夫。

如假单泡杆菌就是一员解除汞毒的悍将。假单孢杆菌到了含有汞化合物的污水里，不但安然无恙，还能美餐一顿，把汞吃到肚子时，经过体内一套特殊的酶系统的作用，把汞离子转化成金属水。

在耐汞细菌的作用下，许多有机汞化合物都可受到转化作用。研究表明，耐汞细菌可将苯汞醋酸转化为苯和金属汞，将对轻基苯汞甲酸转化为苯甲酸和金属汞。将甲基汞转化为甲烷和金属汞，将乙基汞转化为乙烷和金属汞。有人曾测定，一种从土壤中分离出来的极毛杆菌在 2 小时内可将加入培养液中的 70% 苯汞醋酸转化为苯和金属汞，所产生的苯与汞的摩尔比率在 48 小时内从 4.4 变到 389。

同样，在耐汞细菌作用下，无机汞化合物可被还原为金属汞。转化无机汞化合物的细菌有 100 余种，其中最著名的有大肠杆菌、极毛杆菌、葡萄球菌、氧化亚铁硫杆菌等。

有机汞化合物和无机汞化合物，经过耐汞细菌的作用，所分解出来的金属汞，或者挥发入大气，或者沉淀入沉积物中，解决了环境中的汞污染。

汞广泛地存在于岩石、土壤、大气和水体中，朱砂和偏朱砂是最重要的含汞矿物，黝铜矿是最重要的汞源。在地表水中，重要的汞化合物是氯化汞和氢氧化汞；沉积物中最常见的汞是硫化汞；绝大部分地区空气中的汞是金属汞和甲基汞，但甲基汞的浓度较低。由地壳自然放气释入空气的汞估计每年为 2.5 万 ~50 万吨。

近代工业的发展，加速了环境中的汞的含量，油漆、医药、造纸、瓷器、炸药以及农业用汞作农药、催化剂等，造成环境的汞污染。有人做过这样的估计，每年采矿活动排入环境中的汞为 1.25 万吨；每年燃烧煤释放到环境中

汞广泛地存在于岩石、土壤、大气和水体中

的汞在 3000 吨以上；原油燃烧放入环境中的汞在 1 万 ~ 6 万吨；人类工业生产每年总计向大气和水体中放入的汞约有 2 万 ~ 7 万吨。

环境中汞的含量不断增加，加上细菌使汞甲基化，产生甲基汞，因而汞毒的潜在危险越来越大，这绝非危言耸听，类似水俣中毒的事件在其他国家也曾发生过。20 世纪 50 年代初，瑞典曾用含有苯汞醋酸和甲基汞的杀菌剂进行种子消毒，而吃了这种种子的鸟类却大量死亡；美国有 19 个州的水域曾测出汞的含量偏高，政府曾下令禁捕狗鱼和炉鱼，以防人食后发生汞中毒。可见，防止环境中的汞污染，是环保工作的一项重要课题，人们还要充分发挥细菌在解除汞毒方面的作用。

菌 落

菌落，由单个细菌（或其他微生物）细胞或一堆同种细胞在适宜固体培养基表面或内部生长繁殖到一定程度；形成肉眼可见有一定形态结构等特征的子细胞的群落。

旅途歧路
LUTU QILU

1928 年，人类与细菌的斗争出现了质的飞跃——弗莱明意外地发现了青霉素。为了生存，细菌不断求变。青霉素于 1941 年应用于临床治疗，正式开启抗生素时代。

有了抗生素武器，大量细菌被杀死，人类突然变得很"强大"。为了生存，细菌不断求变，它们每 20 分钟繁殖一代，每一代细菌都寻找着对付抗生素的方法，祈求"绝处逢生"。

果然，2 年之后，新一代细菌就能分泌产生一种酶，能水解青霉素的环状结构，使之失去抗菌活性，这种酶被命名为青霉素酶。拥有了这种酶，细菌就对青霉素产生了耐药性。

为了对付这种耐药性，科学家们、药品研发部门又开始新的努力，研发出不被青霉素酶水解的新抗生素，这就是苯唑西林、阿莫西林等对青霉素酶稳定的抗生素。

细菌再度谋求升级……就这样，在求生的强大愿望下，细菌找到了无数种对付抗生素的耐药办法。不得不承认，在药物造成的生存压力之下，细菌的表现更为优秀，它们对抗生素的适应能力似乎渐入佳境。

暗淡的磺胺

磺胺化合物是一类有着相似结构的化合物的总称。1930 年以前，虽然有零星的研究表明有些磺胺化合物能影响某些链球菌的生长，很长时间以来，它都只是作为染料在纺织工业中广泛使用。也许因为第一次世界大战给德国带来的巨大创伤（一战德意志帝国死亡士兵数居首），德国工业巨头法本公司意识到磺胺化合物可能潜藏的巨大军事以及经济价值，成立了由德国细菌生理学家格哈德·多马克和化学家约瑟夫·克莱尔领导的实验室，开始了磺胺的专项研究。

德国细菌生理学家格哈德·多马克

磺胺化合物有很多种，其中具有抗菌性能的其实并不多。1932 年，多马克将目标对准了百浪多息。接下来的数年中，他发现百浪多息不仅能控制丹毒等疾病，还能奇迹般地治疗一系列曾经无法挽救的感染病例，包括葡萄球菌败血症——一战战场上最凶恶的杀手。而此时，弗莱明爵士的发现，还没有诞生。

多马克反复在狗和兔子身上做实验，验证磺胺的药力，获得了一次次的成功。磺胺药确实具有杀死溶血性链球菌的神奇效力，这一点，也被不少模仿多马克实验的医学家所证实。说来也巧，世界上第一个被用磺胺药治疗的人，竟是多马克的小女儿艾莉莎。

艾莉莎是个活泼可爱的孩子，一天，她在玩耍时，不小心被针刺破了手指，可恶的链球菌从伤口溜进了她的身体里，并且在血液里迅速大量繁殖。当天晚上，艾莉莎就病倒了，手指红肿，发起高烧。当地最有名的医生用了不少名贵的药，病情也不见好转，艾莉莎开始不停地发抖，陷入了昏昏沉沉的状态。多马克知道，细菌到了血里，成为溶血性链球菌败血症，病人就有生命危险。小艾莉莎脸色苍白，那痛苦求助的目光落在多马克身上，他的心都要碎了。此刻，眼见着心爱的女儿一步步地走向死亡，做父亲的却束手无策。

"不是有磺胺药吗？"不知是谁大胆地提醒。一听"磺胺药"三字，多马克的眼睛立刻亮了起来，他一下子从迷茫中醒悟过来。既然磺胺药可以治好小白鼠和狗的链球菌败血症，对人也许是有效的，何不在艾莉莎身上试一试呢？

多马克立即跑到实验室，取回了磺胺药，果断地用到艾莉莎身上。时间在一分一秒地过去，多马克守候在一旁一夜未眠，密切注视着艾莉莎病情的变化。第二天早晨，艾莉莎居然从昏睡中醒来了，病也很快恢复了。

1935 年，多马克公布了他们的研究成果，后续临床研究表明磺胺具有广泛的抗菌范围，能控制一系列细菌导致的感染性疾病。百浪多息因此成为人类首次发现并合成的抗菌药物。在征服细菌的战斗年表上，多马克的发现意味着人类的第一波攻击已经开始了。多马克因其卓越的贡献，获得 1939 年的诺贝尔奖。

可奇怪的是，百浪多息的研究发布之后，很多细菌学家发现将百浪多息和细菌在试管中混合，细菌并不会受到多大的影响！百浪多息治疗疾病的事实是不容置疑的，可这个难以解释的现象又是为什么？这里面有着什么样的秘密？

几个法国科学家经过深入的研究，揭开了百浪多息——也许也是法本公司——的秘密：一种新奇巧妙的抗菌方式。细菌在分裂增殖之前，要先复制数量庞大的遗传物质。如果将细菌的遗传物质比作一个城市的市政中心，这个复制过程要从一砖一瓦开始。而一种叫做四氢叶酸的化学物质，在"砖瓦"的生产合成是一个举足轻重的要角。细菌必须保证充足的四氢叶酸供应，才能着手准备复制。

包括人类在内的哺乳动物，可以直接从食物中获得四氢叶酸，绝大部分细菌则没有这个能力，它们只能自力更生，独立合成。四氢叶酸的合成原料中包括一种叫做对氨基苯甲酸（PABA）的化合物。细菌内一些蛋白质流水作业一般，将 PABA 和其他的必需原料一起先合成为二氢叶酸，然后再将其变成四氢叶酸。像青霉素和五肽链有一部分相同的结构那样，百浪多息的结构中有一段刚好和 PABA 非常相似。

不过百浪多息个子太大，虽然在结构上和 PABA 有相似之处，细菌体内精明的蛋白质们还是能一眼就分辨出真和假。不过，一旦百浪多息分解出磺胺，这些蛋白质就算是精细鬼伶俐虫，也弄不清谁是磺胺谁是 PABA 了。那些不明就里的蛋白质用磺胺来加工二氢叶酸，合成出来的东西没有丝毫生理活性，对制作"砖瓦"当然也就一点用都没有了。

细菌内负责合成二氢叶酸的蛋白质种类众多，分工合作，功能环环相扣，但是总量毕竟有限，而且每一种蛋白都承担着重要职责，缺一不可。当这个串联系统中任何一部分蛋白质的工作受到影响，就意味着系统的总效率在降低。实际上，百浪多息分解出的磺胺不仅作为原料混淆叶酸的合成，它还不断骚扰叶酸合成酶中的二氢蝶酸合成酶，破坏它的活性，极大干扰原本秩序井然的叶酸合成过程。百浪多息——其实真凶是磺胺——就是通过这些方式降低细菌合成二氢叶酸的效率，间接抑制了细菌的增殖。当细菌不能增殖，人体所面临的就不再是一支不断壮大的侵略军，而是一伙不断减员的流寇，依靠人体自身的抗菌能力战胜细菌感染就变成了一个单纯的时间问题。

这几个法国科学家很快将百浪多息的秘密以及磺胺的机理公之于世，法本公司从百浪多息谋取巨额垄断利益的梦想随之化为了泡影，因为早在 1909 年，磺胺就开始作为磺胺类工业染料的一员，在世界范围内得以广泛使用了，到了 1935 年，相关技术的专利也早已失效，任何人都有权生产磺胺。

于是，在巨大的商业利益驱使下，上百家医药化学公司日夜加班，大量生产磺胺。数年内，成千上万吨各种剂型的磺胺药物疯狂涌入医疗市场。而磺胺作为人类历史上首次出现的抗菌利器，的确未负众望，一次次地将垂死的感染病人从死亡边缘拉了回来。一时间，无论是医生还是患者，都因这剂万能药的神迹而疯狂，任何感染，无论医生病人，首先考虑的是磺胺。

但是由于毫无理性的使用，越来越多的人遭受了磺胺带来的毒副作用。1937 年，美国爆发了酏剂磺胺导致的集体中毒，直接死亡人数过百，各类毒副作用不计其数。1938 年，美国紧急通过联邦食品、药物及化妆品法案，整饬这个混乱的医药市场，强制指导包括磺胺在内的各类、药物、食品化妆品的使用。

1938 年，美国紧急通过联邦食品、药物及化妆品法案强制指导包括磺胺在内的各类药物、食品、化妆品的使用

疯狂的滥用，除引发大量中毒案例之外，耐磺胺菌种随之迅速出现。尽管磺胺种类在增加，可它们在临床上的抗菌价值却在逐年缩小，尽管在 30 多年后，配药方式的改革带来了短暂的"回光返照"，磺胺曾经炫目的光彩无法逆转地暗淡了下去。随着青霉素等一系列新抗菌药物的出现，磺胺慢慢淡出了人们的视野。

蛋白质

蛋白质，是一种复杂的有机化合物，旧称"朊"。氨基酸是组成蛋白质的基本单位，氨基酸通过脱水缩合连成肽链。蛋白质是由一条或多条多肽链组成的生物大分子，每一条多肽链有二十至数百个氨基酸残基（–R）不等；各种氨基酸残基按一定的顺序排列。蛋白质的氨基酸序列是由对应基因所编码。

抗生素的尴尬

抗生素作为化学治疗剂在医学临床上，挽救了许多人的生命，取得了辉煌的成就。据报道，20世纪40年代以前，金黄色葡萄球菌败血症的病死率约为75%。现在，抗生素可以控制95%以上的细菌感染病。除此之外，抗生素在工业、农业、畜牧业等方面，都有着广泛的用途。

早在20世纪50年代，抗生素已广泛用于兽医临床防治畜、禽的感染，同时也可以防治牲畜疾病对人的感染，并取得了良好的效果。例如青霉素用于治疗猪丹毒。支原体引起的猪哮喘，是兽医临床上的常见病、多发病，过去应用四环素类抗生素进行治疗，但较难根治。后来用林可霉素与壮观霉素合并治疗，获得了较好的效果。鸡球虫病是危害雏鸡较为严重的病患之一，近年来用盐霉素和莫能霉素进行治疗，效果良好。盐霉素和莫能霉素是专供畜、禽使用的抗生素，不能供医学临床使用。此外，治疗后的畜、禽体内残留有抗生素，须停药一段时间后才能宰杀，以防残留的抗生素危害人体。

抗生素在畜牧业上得到了广泛的应用

抗生素在畜牧业上的应用，不仅用于防治畜禽疾病，还能作为畜、禽饲料的添加剂，它可以提高畜、禽产量并节约饲料。各种抗生素产生菌的废菌丝中，残留有少量抗生素，将其加工成为饲料添加剂，兼有刺激幼小畜禽生长和控制畜禽传染病的作用。

鱼类、肉类、牛奶、水果等食品常因微生物污染而导致变质、败坏。常用冷冻、干燥、腌渍、消毒灭菌等方法保藏食品，这些方法易降低营养价值，并影响色、香、味，有些方法成本较高或处理不便，不能及时快速、简便将食品保存起来，利用抗生素可方便、快速达到保藏食品的目的。例如，制霉素可用于柑橘、草莓的保藏，四环素类抗生素可用于肉类、鱼类的保藏。另外，抗生素还用于罐头食品的防腐剂，已应用的有乳酸链球菌素、泰乐素等。

作物病害，如小麦锈病、稻瘟病、甘薯黑疤病、柑橘溃疡病等均可用抗生素防治，应用有内吸作用的抗生素效果最佳，内疗素就是一种防治作物病害的内吸性抗生素。

自 1928 年亚历山大·弗莱明发现青霉素以来，人类与细菌一直在竞赛。在这场竞赛中，领先者不断改变着。

1946 年，即抗生素在第二次世界大战中广泛应用仅 5 年后，医生们发现，青霉素对葡萄球菌不起什么作用。这没有难倒药物学家，他们发明或发现新的抗生素，这使得当一种抗生素无效时，另一种抗生素仍能攻击抗药的菌株。新的抗生素以及合成的经过改进的老抗生素，在和突变型菌株战斗时仍能守得住阵地。最理想的是能找到一种连突变型也怕的抗菌物质，这样就不会有一种病菌能活下来进行繁殖了。

针对这个，科学家们在过去已经制出一些可能有这种效果的药。例如，1960 年曾制出一种变异的青霉素，称为"新青霉素 I"，它是半合成的，因为病菌对它的结构很生疏，细菌中像"青霉素酶"这样的酶不能分解它的分子，不能破坏它的活性。

青霉素酶是钱恩最先发现的，抗药菌株靠它来对抗普通青霉素。因此，新青霉素 I 就能消灭那些抗药的菌株。可是没过多久，抗合成青霉的葡萄球菌菌株又出现了。

令人头疼的是，只要有新药出现，就会产生新的细菌变种。竞赛就这样进行着。在整个竞赛中，总的说来，药物略略领先，如结核、细菌性肺炎、败血症、梅毒、淋病和其他细菌性传染病已逐步被征服。不可否认，有些人死于这些疾病，而且至今仍有人因这些疾病而死亡，但人数毕竟不多，而且死亡的原因，多半是在使用抗生素前，细菌已破坏了他的关键系统。

细菌的确很精明，特别是它们的进化方式。细菌对抗生素产生抗药性的原因与达尔文的自然选择学说正相吻合，譬如说，对一个细菌菌落使用青霉素后，大多数细菌被杀灭，但偶尔也有极少数细菌具有使它们自己不受药物影响的突变基因。这样，它们幸运地活了下来。接着，细菌变种把自己的抗药基因遗传给后代，每个细菌在 24 小时内能留下 16777220 个子孙。更为险恶的是，变种还能轻而易举地将自己的抗药基因传给无关的微生物，传递时，一个微生物散发能吸引另一个细菌的一种招惹剂，两个细菌接触时，它们打开孔，交换称之为胞质基因的 DNA 环，这个过程叫做不安全的细菌性行为。通过这种交配方式，霍乱菌从人肠内的古老的普通大肠杆菌那里获得了对四环素的抗药性。

斯坦福大学的生物学家斯特利·法尔科说，有迹象表明，细菌是"聪明的小魔鬼"，其活动之诡秘连科学家们也从未想到过。例如，在妇女服用四环素治疗尿道感染的时候，大肠杆菌不仅会产生对四环素的抗药性，而且会产生对其他抗生素的抗药性。利维说："几乎是，好像细菌在抵抗一种抗生素的时候，就能很策略地预料到会遭到其他类似药的攻击。"

知识点

耐药性

耐药性，又称抗药性，系指微生物、寄生虫以及肿瘤细胞对于化疗药物作用的耐受性，耐药性一旦产生，药物的作用就明显下降。耐药性根据其发生原因可分为获得耐药性和天然耐药性。自然界中的病原体，如细菌的某一株也可存在天然耐药性。当长期应用抗生素时，占多数的敏感菌株不断被杀灭，耐药菌株就大量繁殖，代替敏感菌株，而使细菌对该种药物的耐药率不断升高。目前认为后一种方式是产生耐药菌的主要原因。为了保持抗生素的有效性，应重视其合理使用。